Die Berechnung von Gleis- und Weichenanlagen

vorzugsweise für

Straßen- und Kleinbahnen.

Von

Adolf Knelles,

Ingenieur der Bochum-Gelsenkirchener Straßenbahnen in Bochum.

Mit 44 Figuren im Text und auf einer Tafel.

Berlin.

Verlag von Julius Springer.

1910.

ISBN 978-3-642-50579-9   ISBN 978-3-642-50889-9 (eBook)
DOI 10.1007/978-3-642-50889-9

Vorwort.

Über Konstruktionen im Gleis- und Weichenbau, besonders für
Rillenschienen, hat man in den letzten Jahren sehr viel Fortschritt-
liches bemerkt, wie dies so manche technischen Fachblätter be-
richteten und viele Ausstellungen zeigten. Infolge der enormen
Zunahme und Erweiterungen von Straßen- und Kleinbahnen ist es
als natürlich zu betrachten, daß das Gebiet des Gleis- und Weichen-
baues an Leistung und Brauchbarkeit bald seinen Höhepunkt er-
reicht hat. Eine große Anzahl technischer Bücher und Aufsätze ist
in den letzten Jahren erschienen, welche eingehend die Konstruktion
von Gleis- und Weichenanlagen behandeln, so daß es auch dem
Anfänger nicht allzuschwer wird, sich bald in sein Spezialgebiet
als Weichenkonstrukteur einzuarbeiten. Doch so groß die Wahl in
der vorhandenen Literatur über Konstruktionen dieses Arbeitsfeldes
ist, so schwierig muß es für den Neuling sein, wenn er ohne fremde
Hilfe vor der Aufgabe steht, eine Gleisanlage zu berechnen, da
technische Abhandlungen hierüber sehr spärlich vorrätig sind. Einige
Bücher sind im Laufe der Jahre erschienen, jedoch sind die Arbeiten
meistens so abgefaßt, daß sie für die Praxis gar nicht verwendbar
und für den Anfänger vollständig unbrauchbar sind. Dies hat den
Verfasser veranlaßt, seine in der Praxis gesammelten Erfahrungen
an dieser Stelle niederzuschreiben, um einen lang ersehnten Wunsch
junger Fachgenossen, welche sich dem Gleis- und Weichenbau ge-
widmet haben, abzuhelfen. Das Werk soll aber auch gleichzeitig
ein Hilfsbuch für denjenigen Straßenbahn-Ingenieur sein, welcher
sich nicht immer mit Gleisberechnungen befaßt, sondern nur zeitweise
in die Lage kommt, sich hiermit beschäftigen zu müssen. Es soll
vorwiegend auf die Berechnung der Gleis- und Weichenanlagen für
Straßen- und Kleinbahnen eingegangen werden, weil man hierbei
infolge der meist ungünstigen Straßenverhältnisse die größten
Schwierigkeiten zu erwarten hat. Zum Schluß ist die Berechnung
einer normalen preußisch-hessischen Staatsbahnweiche angeführt,
welche sonst in keinem Buche ausführlich zu finden ist.

Für das Verständnis des Buches werden die Begriffe der
Mathematik vorausgesetzt.

Bochum, Juni 1910.

Ad. Knelles.

Inhaltsverzeichnis.

Seite

Einleitung 1

I. Normalweichen.

1. Normalweiche mit bestimmtem Neigungswinkel und ohne Überschneidung 2
2. Normalweiche mit bestimmtem Neigungswinkel und mit Überschneidung 4
3. Normale Ausweiche ohne Überschneidung 9
4. Normaler Gleiswechsel mit Überschneidung 12

II. Weichen mit anschließenden Radien.

1. Weiche mit anschließendem kleineren Radius und mit Überschneidung . 14
2. Weiche mit anschließendem größeren Radius und ohne Überschneidung . . 18
3. Weiche mit gegebenem Herzstückwinkel und gegebener Länge des Herz-
   stückinnenschenkels, wobei der Radius zwischen Zungenvorrichtung und
   Herzstück zu bestimmen ist. Ohne Überschneidung 19
4. Weiche mit Doppelkurven, welche nach einer Seite abzweigen. Mit Überschneidung 22
5. Weiche mit Doppelkurven, welche nach entgegengesetzten Richtungen abzweigen. Ohne Überschneidung 24
6. Weiche, deren Gleise nach entgegengesetzten Richtungen abzweigen, von
   denen das eine Gleis eine bestimmte Neigung angenommen hat. Mit
   Überschneidung 28

III. Die Ermittelung der Bögen an den Zungen- und Kurvenherzstücken.

1. Zungenstücke 30
2. Kurvenherzstücke 31
3. Bestimmung der Entfernung zwischen zwei sich gegenüberliegenden Herz-
   stückschenkelenden 34

IV. Kreuzungen.

1. Kreuzung eines geraden mit einem gebogenen Gleise 37
2. Kreuzung eines geraden mit einem gebogenen Gleis, zu welcher der
   Kreuzungswinkel der Gleisachsen gegeben ist 39
3. Kreuzung zweier gebogener Gleise 40
4. Kreuzung eines geraden mit einem gebogenen Gleise 42
5. Kreuzung zweier gebogener Gleise, zu welcher der Kreuzungswinkel der
   beiden Gleisachsen bekannt ist 44

V. Kreuzungsweichen.

1. Einfache Kreuzungsweiche mit gegebenem Zwischenradius 45
2. Einfache Kreuzungsweiche, zu der die Länge von Anfang der Zungenvorrichtungen bis zum Kreuzungspunkt gegeben ist 47

VI. Gleisdreiecke.

Seite

1. Einfaches Gleisdreieck mit zwei Fahrtrichtungen 48
2. Einfaches Gleisdreieck mit drei Fahrtrichtungen 51
3. Einfaches Gleisdreieck mit drei Fahrtrichtungen 54

VII. Doppelte Gleisabzweigungen.

1. Gewöhnliche doppelgleisige Abzweigung 57
2. Doppelgleisige Abzweigung mit normaler geradliniger Kreuzung und normalen
    Herzstücken 59
3. Doppelgleisige Abzweigung nach zwei entgegengesetzten Richtungen . . . 63
4. Doppelgleisige Abzweigung mit ungleichen Gleisabständen 65
5. Doppelgleisige Abzweigung aus verschiedenen Richtungen 67

VIII. Doppelte Gleisdreiecke.

IX. Einfache normale Weiche 1 : 9, aus Profil 6ᵈ der Preußischen Staatsbahnen.

1. Die gebogene Zunge im Außenstrang 81
2. Die gerade Zunge im Innenstrang 82

Einleitung.

Bei den einfachen Weichen unterscheidet man zunächst zwei
Arten und zwar zerfallen diese in normale Weichen, d. h. mit be-
stimmten Neigungswinkel und in solche, bei denen sich im abzweigenden
Gleis hinter den Zungenstücken ein kleinerer Radius anschließt.
Die zuerst genannten Weichen finden vornehmlich dort Verwendung,
wo nur Ausweichen zur Verlegung kommen, oder bei solchen Abzweigungen, welche mit dem Hauptgleis einen ziemlich flachen
Neigungswinkel (α in Fig. 3) bilden. Weichen mit anschließenden
Radien werden dagegen nur bei scharfen Abzweigungen gebraucht,
wo der vorhandene Platz das Verlegen einer normalen Weiche mit
flachem Neigungswinkel nicht gestattet, oder bei Bahnhofsanlagen,
wo der Platz infolge des Zusammenlaufens vieler Gleise äußerst
beschränkt ist, so daß an ein Verlegen normaler Weichen gar nicht zu
denken ist. Welche Weiche in jedem einzelnen Falle vorzuziehen
ist, hängt ganz allein von der Örtlichkeit ab, es lassen sich also hierfür vorher keine Normalien aufstellen.

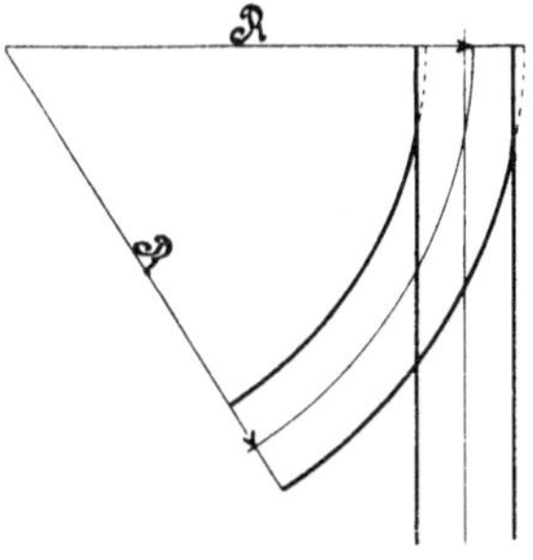

Fig. 1.

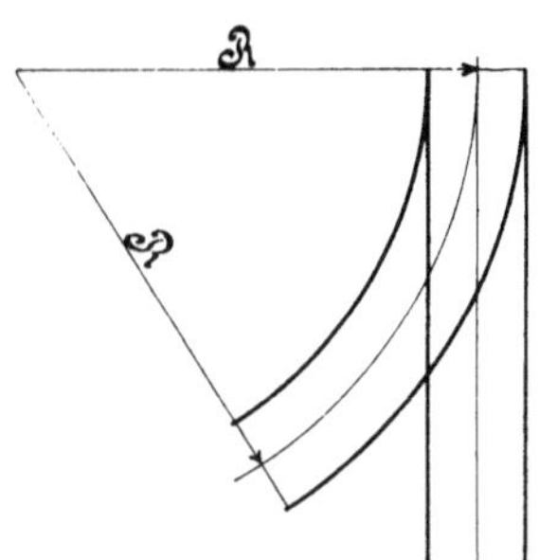

Fig. 2.

Außerdem hat man bei der Berechnung von Weichen zwei
Anordnungen zu beobachten. Im ersten Fall tangiert das abzweigende
gebogene Gleis das gerade Hauptgleis (Fig. 1); die Zungen müssen
hierbei in der Ausführung abgestumpft werden. Bei der zweiten
Anordnung überschneidet das abzweigende gebogene Gleis das Hauptgleis (Fig. 2). Die folgenden Beispiele ergeben, daß die Rechnungs-

art nach Fig. 1 ohne Überschneidung bedeutend einfacher ist als diejenige mit Überschneidung nach Fig. 2. Erstere wird in der Praxis auch fast immer bevorzugt.

Die Berechnung der Weichen, überhaupt aller Gleisanlagen zergliedert man wieder in zwei Abschnitte, von denen sich die eine auf die Ermittelung der Gleisachsen bzw. der Tangenten t, die andere dagegen auf die Feststellung der Bogenlängen, der geraden Zwischenstücke der Schienen von Zungenvorrichtung bis Herzstückschnittpunkt, des Herzstückwinkels usw. bezieht. Als bekannte Größen werden für alle Gleisberechnungen stets vorausgesetzt: Die Spurweite, welche die übliche Bezeichnung s erhält, der Gleisabstand g für Ausweichen, Gleiswechsel oder sonstige doppelgleisige Anlagen und der Neigungswinkel α für normale Weichen (Fig. 3 bis 7).

I. Normalweichen.

1. Normalweiche mit bestimmtem Neigungswinkel und ohne Überschneidung. (Fig. 3.)

Nachdem die Spurweite s und der Neigungswinkel α bekannt, wähle man für den Radius R des abzweigenden gebogenen Gleises ein rundes Maß, welches in der Praxis oft zu 50 oder 40 m angenommen wird. Hieraus ist die Tangente t der mittleren gebogenen Gleisachse d w zu berechnen, denn

$$t = \operatorname{tg} \frac{\alpha}{2} \cdot R.$$

Verbindet man den Winkelpunkt e mit dem Herzstückschnittpunkt i durch eine Gerade e i, welche den Winkel α halbiert, so entstehen zwei rechtwinklige kongruente Dreiecke e k i und e i h, in welchen die Seiten

$$a = e\,k = e\,h = \frac{\dfrac{s}{2}}{\operatorname{tg} \dfrac{\alpha}{2}} = \frac{s}{2 \cdot \operatorname{tg} \dfrac{\alpha}{2}}$$

sind. Die Entfernung b ist das Maß des geraden abzweigenden Gleises im äußeren Strange von Bogenende o bis zum Herzstückschnittpunkt i; dasselbe erhält man durch die Subtraktion

$$b = w\,h = a - t.$$

Die Größe für a hierin eingesetzt, ergibt

$$b = \frac{s}{2 \cdot \operatorname{tg} \dfrac{\alpha}{2}} - t.$$

Um das Maß c von Anfang der Weiche bis Herzstückschnittpunkt zu erhalten, hat man einfach die mittlere Tangente t und den Wert für a zu addieren, und man erhält

$$c = \frac{s}{2 \cdot \operatorname{tg} \dfrac{a}{2}} + t.$$

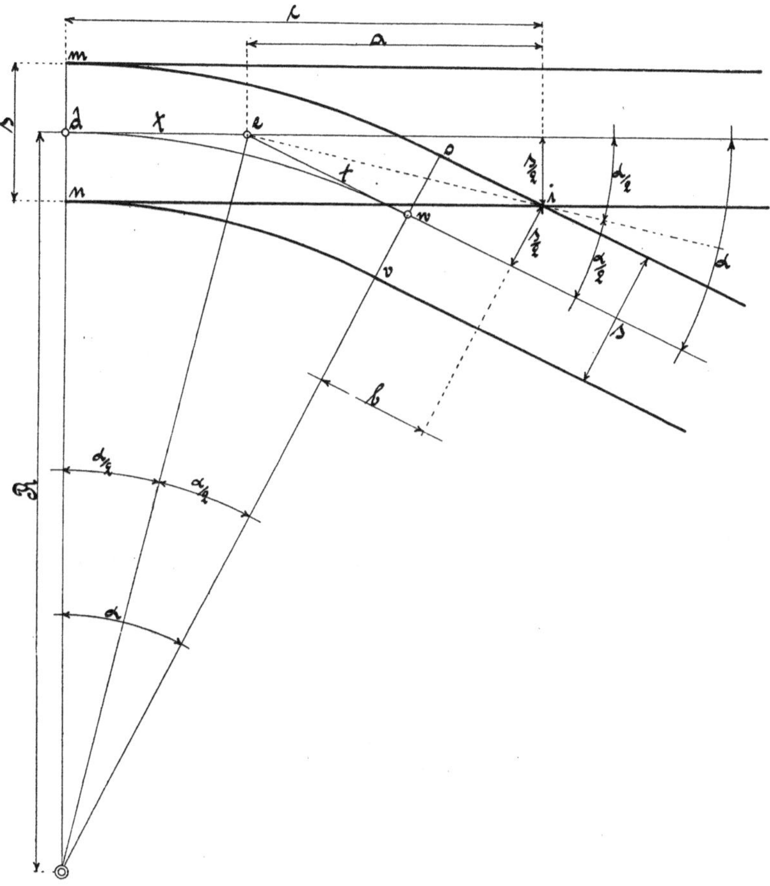

Fig. 3.

Die äußere Bogenlänge

$$m\,o = \operatorname{arc} \alpha \cdot \left(R + \frac{s}{2}\right).$$

Die innere Bogenlänge

$$n\,v = \operatorname{arc} \alpha \cdot \left(R - \frac{s}{2}\right).$$

Beispiel 1 hierzu.

Gegeben sei die Spurweite s = 1435 mm, der Neigungswinkel $\alpha = 1:6 = 9^0\,27'\,44''$, der Radius des abzweigenden gebogenen Gleises R = 50 m. Nach den oben angegebenen Formeln ist dann:

Die mittlere Tangente

$$t = \mathrm{tg}\,\frac{\alpha}{2}\,.\,R = \mathrm{tg}\,4^0\,43'\,52''\,.\,50\,000 = 4138.$$

Die Gerade

$$b = \frac{s}{2\,\mathrm{tg}\,\dfrac{\alpha}{2}} - t = \frac{1435}{2\,.\,\mathrm{tg}\,4^0\,43'\,52''} - 4138 = 4531;$$

$$c = \frac{s}{2\,\mathrm{tg}\,\dfrac{\alpha}{2}} + t = \frac{1435}{2\,\mathrm{tg}\,4^0\,43'\,52''} + 4138 = 12807.$$

Die äußere Bogenlänge

$$m\,o = \mathrm{arc}\,\alpha\left(R + \frac{s}{2}\right) = \mathrm{arc}\,9^0\,27'\,44''\,.\,50\,717{,}5 = 8325.$$

Die innere Bogenlänge

$$n\,v = \mathrm{arc}\,\alpha\left(R - \frac{s}{2}\right) = \mathrm{arc}\,9^0\,27'\,44''\,.\,49\,282{,}5 = 8090.$$

2. Normalweiche mit bestimmtem Neigungswinkel und mit Überschneidung. (Fig. 4.)

Die Figur sei zuerst durch einige kurze Erklärungen verständlich gemacht. Es sei c l = Anfang der Weiche, d und m = Zungenspitze, e f und n o = Zungenwurzel.

Das im Anfang unter Pos. 1 Gesagte trifft auch hier zu.

Die Berechnung geschieht hier nur in einer anderen Weise und Reihenfolge als vorher, welches auch ohne weiteres zu ersehen ist.

Gegeben ist:

d f = Entfernung von Zungenspitze bis Zungenwurzel,
e f = Rillenbreite der Schiene plus Breite der Zunge
　　　　an der Zungenwurzel,
R = Radius des abzweigenden Gleises,
$\alpha = 1:x$ = Neigungswinkel,
s = Spurweite.

Gesucht:

$$d\,e = \sqrt{d\,f^2 - e\,f^2}.$$

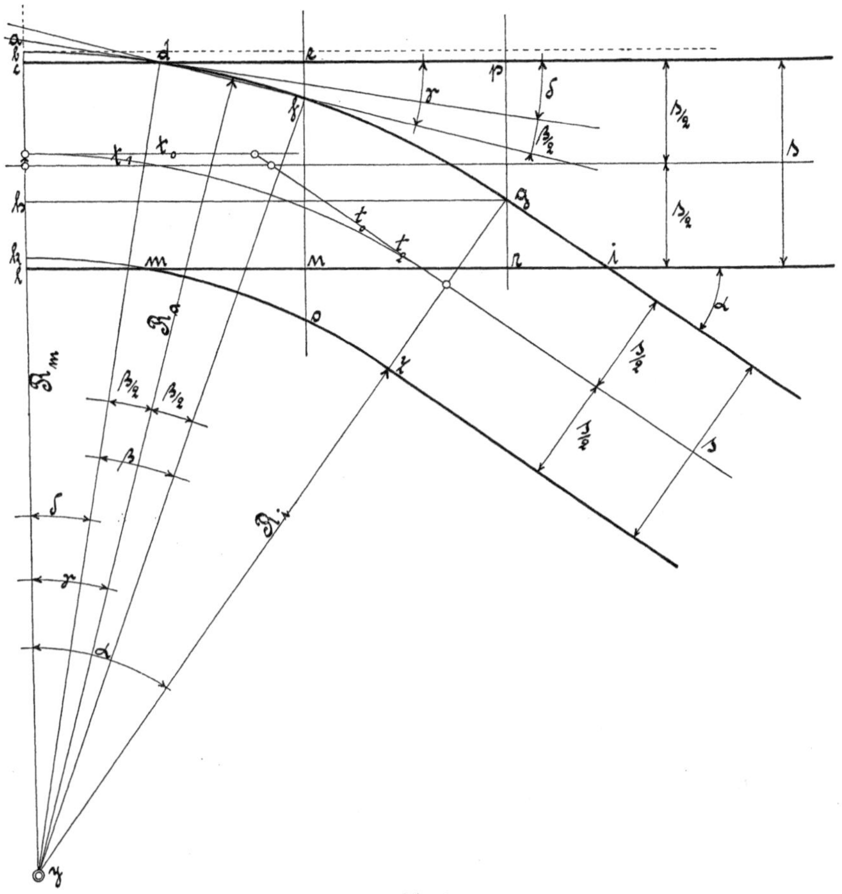

Fig. 4.

Hierbei ist d f als Gerade angenommen, welches für die Ausführung genügend ist.

$$\text{arc } \beta = \frac{d f}{R_a},$$

$$\sin \gamma = \frac{e f}{d f},$$

$$\text{Winkel } \delta = \gamma - \frac{\beta}{2},$$

$$c d = \sin \delta \cdot R_a,$$

$$b c = \frac{c d^2}{2 \cdot R_a}.$$

Diese letzte Formel ist eine bekannte Näherungsformel und für die vorliegende Berechnung genügend.

$$\mathrm{l\,m} = \sin \delta \cdot \mathrm{R_i},$$

$$\mathrm{k\,l} = \frac{\mathrm{l\,m^2}}{2\,\mathrm{R_i}},$$

$$\mathrm{m\,n} = \mathrm{c\,d} + \mathrm{d\,e} - \mathrm{l\,m},$$

$$\mathrm{n\,o} = \frac{\mathrm{l\,n^2}}{2\,\mathrm{R_i}} - \mathrm{k\,l},$$

$$\mathrm{g\,h} = \sin \alpha \cdot \mathrm{R_a},$$

$$\mathrm{h\,y} = \frac{\mathrm{g\,h}}{\mathrm{tg}\,\alpha},$$

$$\mathrm{h\,c} = \mathrm{R_a} - (\mathrm{h\,y} + \mathrm{b\,c}),$$

$$\mathrm{g\,r} = \mathrm{s} - \mathrm{h\,c},$$

$$\mathrm{g\,i} = \frac{\mathrm{g\,r}}{\sin \alpha}.$$

Bgl. $\mathrm{d\,g} = \mathrm{arc}\,(\alpha - \delta) \cdot \mathrm{R_a}$,   Bgl. $\mathrm{m\,z} = \mathrm{arc}\,(\alpha - \delta) \cdot \mathrm{R_i}$.

Die bei der Überschneidung entstehende mittlere Tangente ist

$$t_0 = \mathrm{tg}\,\frac{\alpha}{2} \cdot \mathrm{R_m}.$$

Durch die Verschiebung der alten Tangenten t_0 in die Gleis-achse des Hauptgleises erhält man zwei neue mittlere Tangenten t_1 und t_2. Diese werden folgendermaßen gefunden: t_0 wird parallel zur Gleisachse verschoben, bis sie in dieselbe fällt. Hierdurch entstehen dann die neuen Tangenten t_1 und t_2. Die parallele Verschiebung beträgt:

$$\frac{\mathrm{b\,c} + \mathrm{k\,l}}{2}.$$

Die Tangenten t_1 und t_2 sind demnach (Fig. 5)

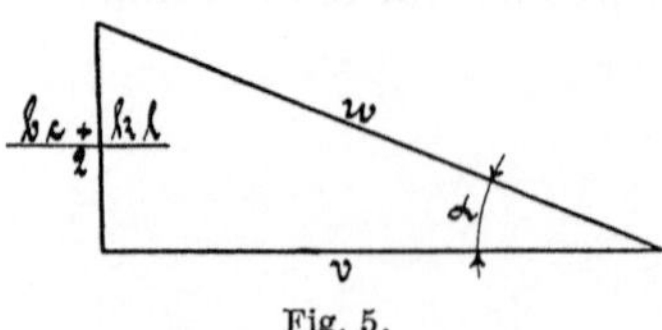

$$t_1 = t_0 + \mathrm{v} = t_0 + \frac{\mathrm{b\,c} + \mathrm{k\,l}}{2\,\mathrm{tg}\,\alpha},$$

$$t_2 = t_0 - \mathrm{w} = t_0 - \frac{\mathrm{b\,c} + \mathrm{k\,l}}{2\sin \alpha}.$$

Man sieht also, daß die Berechnung für Weichen mit Überschneidung bei weitem umständlicher ist als diejenige ohne Überschneidung. Ob die eine oder die andere Rechnungsweise vorzuziehen ist, soll hier nicht beurteilt werden, da die Ansichten der Fachleute hierüber weit auseinander gehen. Zur Erleichterung für den Leser soll ein praktisches Beispiel nach der letzten Rechnungsart angeführt werden. Die gegebenen Werte betragen mit Bezug auf Fig. 4:

Beispiel 2.

$$\mathrm{d\,f} = 2500 \text{ mm}, \qquad \mathrm{e\,f} = 30 + 90 = 120 \text{ mm}, \qquad \mathrm{s} = 1000 \text{ mm};$$
$$R_i = 50 \text{ m}, \qquad R_a = 51 \text{ m}, \qquad R_m = 50{,}5 \text{ m},$$
$$\alpha = 1:6 = 9^0\,27'\,44''.$$

Es lassen sich also folgende Abmessungen bestimmen zu:

$$\mathrm{d\,e} = \sqrt{2500^2 - 120^2} = \sqrt{6\,250\,000 - 14\,400} = 2497,$$

$$\mathrm{arc}\,\beta = \frac{2500}{51\,000} = 0{,}049\,02, \qquad \beta = 2^0\,48'\,31'',$$

$$\sin\gamma = \frac{120}{2500} = 0{,}048, \qquad \gamma = 2^0\,45'\,5'',$$

$$\delta = 2^0\,45'\,5'' - 1^0\,24'\,15'' = 1^0\,20'\,50'',$$

$$\mathrm{c\,d} = \sin 1^0\,20'\,50''.\,51\,000 = 1199,$$

$$\mathrm{b\,c} = \frac{1199^2}{2\,.\,51\,000} = 14,$$

$$\mathrm{l\,m} = \sin 1^0\,20'\,50''.\,50\,000 = 1176,$$

$$\mathrm{k\,l} = \frac{1176^2}{2\,.\,50\,000} = 14,$$

$$\mathrm{m\,n} = 1199 + 2497 - 1176 = 2520,$$

$$\mathrm{n\,o} = \frac{(1176 + 2520)^2}{2\,.\,50\,000} - 14 = 136 - 14 = 122,$$

$$\mathrm{g\,h} = \sin 9^0\,27'\,44''.\,51\,000 = 8384,$$

$$\mathrm{h\,y} = \frac{8384}{\mathrm{tg}\,9^0\,27'\,44''} = 50\,306,$$

$$\mathrm{h\,c} = 51\,000 - (50\,306 + 14) = 680,$$

$$\mathrm{g\,r} = 1000 - 680 = 320,$$

$$\mathrm{g\,i} = \frac{320}{\sin 9^0\,27'\,44''} = 1947,$$

$$\text{Bgl. } \mathrm{d\,g} = \mathrm{arc}\,(9^0\,27'\,44'' - 1^0\,20'\,50'')\,.\,51\,000 = 7223,$$

$$\text{Bgl. } \mathrm{m\,z} = \mathrm{arc}\,(9^0\,27'\,44'' - 1^0\,20'\,50'')\,.\,50\,000 = 7082,$$

$$t_0 = \mathrm{tg}\,4^0\,43'\,52''.\,50\,500 = 4179,$$

$$t_1 = 4179 + \frac{14 + 14}{2\,.\,\mathrm{tg}\,9^0\,27'\,44''} = 4179 + 84 = 4263,$$

$$t_2 = 4179 - \frac{14 + 14}{2\,.\,\sin 9^0\,27'\,44''} = 4179 - 85 = 4094.$$

Normalweichen.

Tabelle 1.

1	2			3			4	5	6	7	8
Neigung 1 : x	Winkel α			Winkel $\dfrac{\alpha}{2}$			$\log \sin \alpha$	$\log \cos \alpha$	$\log \mathrm{tg}\,\alpha$	$\log \mathrm{tg}\,\dfrac{\alpha}{2}$	arc α
	°	′	″	°	′	″					
1 : 2	26	33	56	13	16	58	9,650 522 7	9,951 542 9	9,698 979 6	9,373 045 7	0,463 656 4
1 : 2,5	21	48	5	10	54	2	9,569 830 6	9,967 773 6	9,602 059 5	9,284 610 5	0,380 505 9
1 : 3	18	26	6	9	13	3	9,500 001 1	9,977 121 1	9,522 873 0	9,210 260 0	0,321 751 5
1 : 3,3	16	51	30	8	25	45	9,462 407 4	9,980 923 2	9,481 484 3	9,170 810 6	0,294 233 4
1 : 3,5	15	56	43	7	58	21	9,438 887 9	9,982 960 4	9,455 928 6	9,146 287 5	0,278 297 6
1 : 4	14	2	10	7	1	5	9,384 771 5	9,986 835 8	9,397 935 7	9,090 273 7	0,244 976 4
1 : 4,5	12	31	44	6	15	52	9,336 343 3	9,989 532 9	9,346 790 4	9,040 495 3	0,218 670 3
1 : 5	11	18	36	5	49	18	9,292 515 9	9,991 483 2	9,301 032 6	9,008 422 9	0,197 396 7
1 : 6	9	27	44	4	43	52	9,215 894 6	9,994 050 5	9,221 844 0	8,917 829 1	0,164 146 9
1 : 7	8	7	48	4	3	54	9,150 509 5	9,995 611 9	9,154 896 4	8,851 667 5	0,141 895 2
1 : 7,5	7	35	41	3	47	50	9,121 116 7	9,996 173 4	9,124 943 3	8,821 979 9	0,132 552 9
	7	15	27	3	37	43	9,101 502 4	9,996 506 6	9,104 995 8	8,802 199 0	0,126 667 2
1 : 8	7	7	30	3	33	45	9,093 542 3	9,996 633 3	9,096 910 0	8,794 192 4	0,124 354 6
1 : 9	6	20	25	3	10	12	9,043 099 0	9,997 335 5	9,045 757 5	8,743 380 1	0,110 658 8
1 : 10	5	42	38	2	51	19	8,997 836 5	9,997 839 3	8,999 997 1	8,697 885 5	0,099 668 0
	5	40	—	2	50	—	8,994 496 8	9,997 872 5	8,996 624 3	8,694 529 2	0,098 902 0
1 : 15	3	48	51	1	54	25	8,822 956 2	9,999 037 0	8,823 919 2	8,522 375 8	0,066 569 8
1 : 20	2	51	54	1	25	57	8,698 821 0	9,999 456 8	8,699 364 2	8,397 062 5	0,050 003 7
1 : 25	2	17	26	1	8	43	8,601 702 5	9,999 652 9	8,601 049 6	8,300 846 0	0,039 977 8
1 : 30	1	54	33	—	57	16	8,522 640 8	9,999 758 9	8,522 882 0	8,221 668 2	0,033 321 3
1 : 35	1	38	12	—	49	6	8,455 778 5	9,999 822 8	8,455 955 8	8,154 837 1	0,028 565 3
1 . 40	1	25	56	—	42	58	8,397 842 5	9,999 864 3	8,397 978 2	8,096 880 4	0,024 997 0

Um nicht immer die bei der Berechnung so häufig wiederkehrenden Zahlenwerte für einzelne Beispiele ausrechnen zu müssen,
wodurch eine geraume Zeit verloren geht und für den Rechner oft sehr
lästig ist, bediene man sich der Tabelle 1, welche fast alle nennens-
werte oft gebräuchliche Größen enthält. Bei der Bestimmung
einer normalen Weiche ist es üblich, die Neigung des abzweigenden
Gleises zum Hauptgleise als ein Verhältnis, und zwar Gegenkathete
zur anliegenden Kathete, auszudrücken, siehe Rubrik 1. Hierbei
ist es zunächst notwendig, daß der Winkel α, welcher hierdurch
gebildet, festgelegt und durch Zahlen ausgedrückt wird; dies ist
unter Rubrik 2 angeführt. Zur Berechnung der Tangenten gebraucht
man dann stets den halben Neigungswinkel $\dfrac{\alpha}{2}$, welcher unter der
folgenden Rubrik 3 steht. Die übrigen unter Rubrik 4, 5, 6 und 7
angeführten Werte sind die aufgeschlagenen logarithmischen Zahlen
für $\sin \alpha$, $\cos \alpha$, $\operatorname{tg} \alpha$ und $\operatorname{tg} \dfrac{\alpha}{2}$, die sich sogar in einer Rechnung
oft wiederholen. Die letzte Rubrik 8 gibt die Zahl für arc α an,
mit welcher der zugehörige Radius zu multiplizieren ist, um den
Bogen zu dem Zentriwinkel α zu erhalten.

3. Normale Ausweiche ohne Überschneidung. (Fig. 6.)

Die Berechnung der Weiche selbst geht schon aus Abschnitt 1
Fig. 3 hervor, deshalb können die dort angegebenen Formeln hier
ohne weiteres eingesetzt werden. Zu den gegebenen Werten für s,
R und α muß für die vorliegende Berechnung noch der Abstand g
von Mitte bis Mitte Gleis gegeben sein. Dies Maß beträgt bei den
meisten Bahnen 2 500 oder 2 600 mm, seltener 2 700 mm oder sogar
noch mehr.

Im Anschluß an die Berechnung unter Abschnitt 1 bestimmen
sich dann folgende Werte:

$$\alpha = \alpha_1, \qquad t = t_1,$$
$$d = \frac{g}{\operatorname{tg} \alpha},$$
$$e = \frac{g}{\sin \alpha},$$
$$f = e - (t + t_1) = e - 2\,t,$$
$$h = f - b.$$

Ein Beispiel soll anschließend an Beispiel 1 folgen. Der Gleisabstand g betrage 2500 mm. Es ist dann:

Beispiel 3.

$$a_1 \;=\; a \;=\; 9^0\,27'\,44'', \qquad t_1 \;=\; t \;=\; 4138,$$

$$d \;=\; \frac{2500}{\mathrm{tg}\;9^0\,27'\,44''} \;=\; 15\,000,$$

$$e \;=\; \frac{2500}{\sin\;9^0\,27'\,44''} \;=\; 15\,207,$$

$$f \;=\; 15\,207 - 2\,.\,4138 \;=\; 6931,$$

$$h \;=\; 6931 - 4531 \;=\; 2400.$$

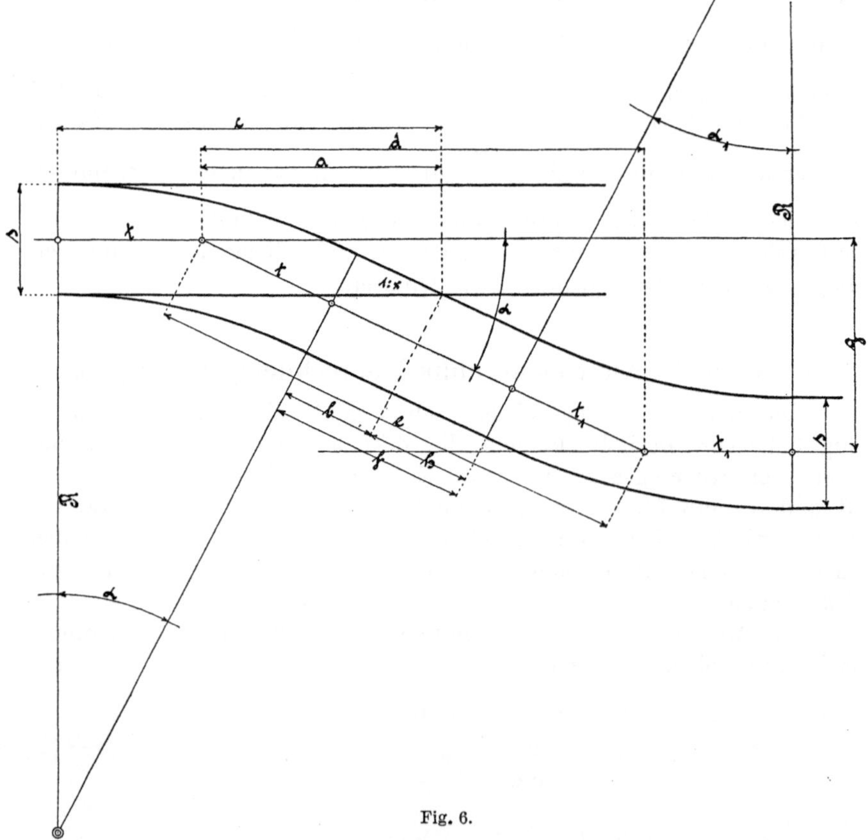

Fig. 6.

Für normale Ausweichen (Fig. 6) weicht man im allgemeinen von den üblichen Annahmen nicht ab. Daher lassen sich auch hierfür Tabellen aufstellen, aus welchen man in vielen Fällen die gewünschten Abmessungen direkt ablesen kann, wie Tabelle 2 und 3 mit Bezug auf Fig. 6 darstellen. Der Gleisabstand sei hier nur zu 2500 und 2600 mm, die Neigung zu 1:6 und 1:5 gewählt.

Tabelle 2. Für normale Ausweichen ohne Überschneidung. (Fig. 6.)

Neigung 1:6. $Radius_m = 50$ m.

g	s	α	t	a	b	c	d	e	f	h	Bgl_i	Bgl_a
2 500	1 435	9° 27′ 44″	4138	8669	4531	12 807	15 000	15 207	6931	2400	8090	8325
	1 000	9° 27′ 44″	4138	6041	1903	10 179	15 000	15 207	6931	5028	8125	8289
2 600	1 435	9° 27′ 44″	4138	8669	4531	12 807	15 600	15 815	7539	3008	8090	8325
	1 000	9° 27′ 44″	4138	6041	1903	10 179	15 600	15 815	7539	5636	8125	8289

Tabelle 3. Für normale Ausweichen ohne Überschneidung. (Fig 6.)

Neigung 1:5. $Radius_m = 40$ m.

g	s	α	t	a	b	c	d	e	f	h	Bgl_i	Bgl_a
2 500	1435	11° 18′ 36″	4078	7037	2959	11 115	12 500	12 747	4591	1632	8895	8037
	1000	11° 18′ 36″	4078	4904	826	8 982	12 500	12 747	4591	3765	7797	7994
2 600	1435	11° 18′ 36″	4078	7037	2959	11 115	13 000	13 257	5101	2142	8895	8037
	1000	11° 18′ 36″	4078	4904	826	8 982	13 000	13 257	5101	4275	7797	7994

4. Normaler Gleiswechsel mit Überschneidung. (Fig. 7.)

Die Berechnung der beiden zugehörigen Weichen ist schon unter Abschnitt 2, Fig. 4, durchgeführt. Unter Zugrundelegung der dort festgelegten Formeln soll die Rechnung für einen normalen

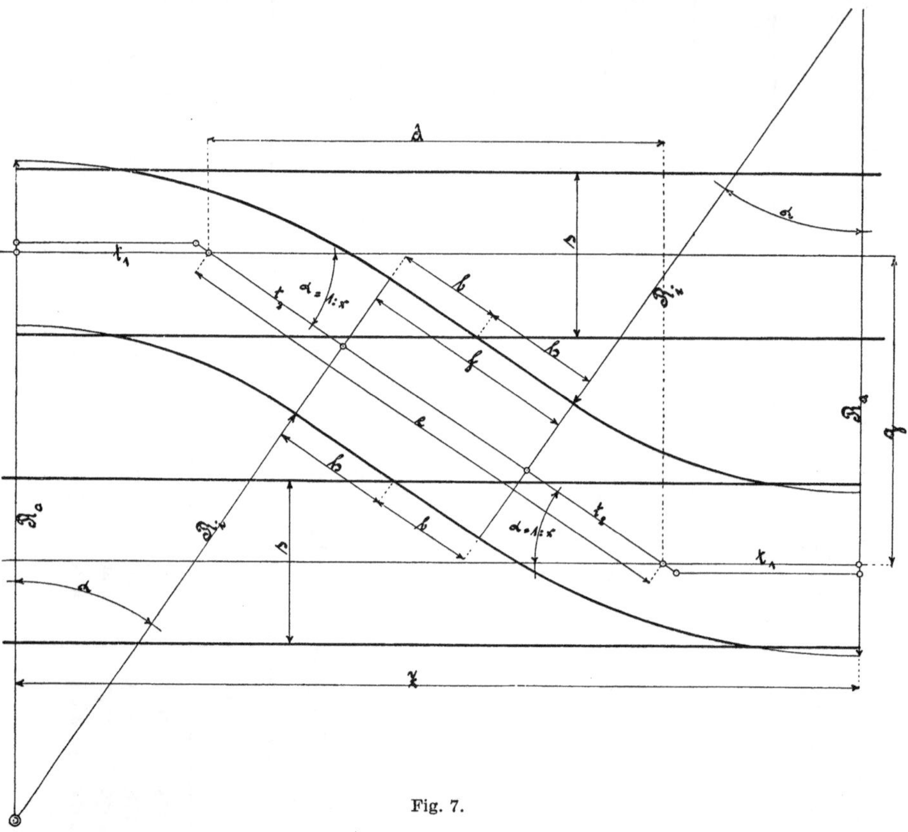

Fig. 7.

Gleiswechsel weitergeführt werden. Der Gleisabstand beträgt, wie schon unter Pos. 3 gesagt, für gewöhnliche Fälle 2500 oder 2600 mm. Mit Bezug auf Fig. 7 ergeben sich dann folgendermaßen die übrigen Werte:

$$d = \frac{g}{tg\,\alpha},$$

$$e = \frac{g}{\sin\alpha},$$

$$f = e - 2 \cdot t_2,$$

$$h = f - b,$$

$$Z = d + 2 \cdot t_1.$$

Ein Beispiel hierzu, bei welchem der Gleisabstand g $=$ 2600 mm betrage. Im Anschluß an Beispiel 2 ist dann:

Beispiel 4.

$$d = \frac{2600}{\mathrm{tg}\ 9^0\ 27'\ 44''} = 15\,600,$$

$$e = \frac{2600}{\sin 9^0\ 27'\ 44''} = 15\,815,$$

$$f = 15\,815 - 2\,.\,4094 = 15\,815 - 8188 = 7627,$$

$$h = f - b = f - g\,i\,(\text{Fig. 4}) = 7627 - 1947 = 5680,$$

$$Z = 15\,600 + 2\,.\,4263 = 15\,600 + 8526 = 24\,126.$$

Von der Aufstellung einer Tabelle über Normalien für Weichen mit Überschneidung ist abgesehen worden. Solche Tabelle würde sehr umfangreich werden, weil hierfür zu viel anzunehmende Werte notwendig sind und die Wahl derselben ganz von der Ansicht eines jeden Konstrukteurs und von dem in Frage kommenden Schienenprofil abhängt.

II. Weichen mit anschließenden Radien.

Der Verwendungszweck wurde schon vorher beschrieben. Diese Weichen sollen hier den Namen Kurven- oder Bogenweichen erhalten. Es wäre nun mit Rücksicht auf die Kosten und Einheitlichkeit der Zungenvorrichtungen sehr unzweckmäßig, wenn man den anschließenden kleineren oder größeren Radius des abzweigenden Gleises schon an der Weichenspitze wollte anfangen lassen. Hierbei müßten die Zungenvorrichtungen, welche doch den Hauptgegenstand der Weichen bilden, für jeden beliebigen Radius konstruiert werden, und dies verursachte bedeutende Mehrpreise der Weichen, da für solche einzelne Fälle jedesmal besondere Modelle angefertigt werden müßten. Die Längen- und Breitenmaße der Zungenvorrichtungen mit verschiedenen Radien unterscheiden sich nämlich sehr voneinander. Dies ist für die Einheitlichkeit noch nicht allein maßgebend. Die beweglichen Zungenteile sind bekanntlich dem Verschleiß und einem Defektwerden am ehesten ausgesetzt und müssen daher auch häufiger ausgewechselt werden, obwohl die übrigen Weichenteile noch gut erhalten sind und noch lange Jahre ungestört liegen bleiben können. Infolge dieser notwendig werdenden Auswechslung würde man dann oft der Unannehmlichkeit begegnen, daß man gerade für die vorzunehmende Weiche keine passenden Zungen vorrätig hätte. Außerdem kommt noch hinzu, daß sich Zungenvorrichtungen mit kleinem Radius schlecht befahren lassen und leicht zu Entgleisungen Veranlassung geben. Wollte man aber auch trotz der angeführten Übelstände den kleineren Radius in Anbetracht eines größeren Abzweigewinkels bis zur Weichenspitze durchgehen lassen, so würde man hierbei nicht viel erreichen, da praktisch genommen kein großer Unterschied hierin besteht. Hingegen muß bemerkt werden, daß bei solchen Weichenanlagen, wo mehrere Weichen der Länge nach hintereinander zu liegen kommen und der Platz hierfür sehr beschränkt ist, Zungenvorrichtungen mit kleineren Radien zu empfehlen sind, weil diese kürzer gebaut werden können als normale Zungenvorrichtungen mit größerem Radius. Beispielsweise ist der Platz bei Bahnhofsanlagen, wo in der Regel mehrere Weichen in einem durchgehenden Gleise hintereinander zu liegen kommen, so knapp bemessen, daß sich hier normale Zungenvorrichtungen gar nicht verlegen lassen.

Der Bogen der Zungenvorrichtung mit dem Radius R (Fig. 8) beginnt wie gewöhnlich zu Anfang der Weiche und läuft am Ende der Zungenvorrichtung tangential in den anschließenden Bogen mit dem Radius r über. Der Zentriwinkel des Zungenbogens läßt sich bei Annahme der Länge der Zungenvorrichtung und des Zungenradius leicht bestimmen, welchen man dann auf ein Maß abrundet und allen Berechnungen von Weichen mit anschließenden Radien zugrunde legt.

Die hauptsächlichsten Arten von Kurvenweichen sollen hier nun der Reihe nach behandelt werden.

1. Weiche mit anschließendem kleineren Radius und mit Überschneidung. (Fig. 8.)

Die Länge der Zungen von Zungenspitze bis Zungenwurzel soll hier wie bei der Normalweiche unter Abschnitt 2 angenommen werden, ebenso die Breite der Zungenwurzel, sowie der Zungenradius R und die Spurweite s.

Es können dann die dort aufgestellten Formeln für die Überschneidung b c und k l und die Entfernung c d und l m in Fig. 4 von Weichenanfang bis Zungenspitze auch für diese Rechnung festgelegt werden. Die übrigen angenommenen Werte sind hier folgende:

$$\alpha = \text{Weichenwinkel,}$$
$$\delta = \text{Einfahrtswinkel,}$$
$$R = \text{Zungenradius,}$$
$$r = \text{anschließender Radius,}$$
$$s = \text{Spurweite.}$$

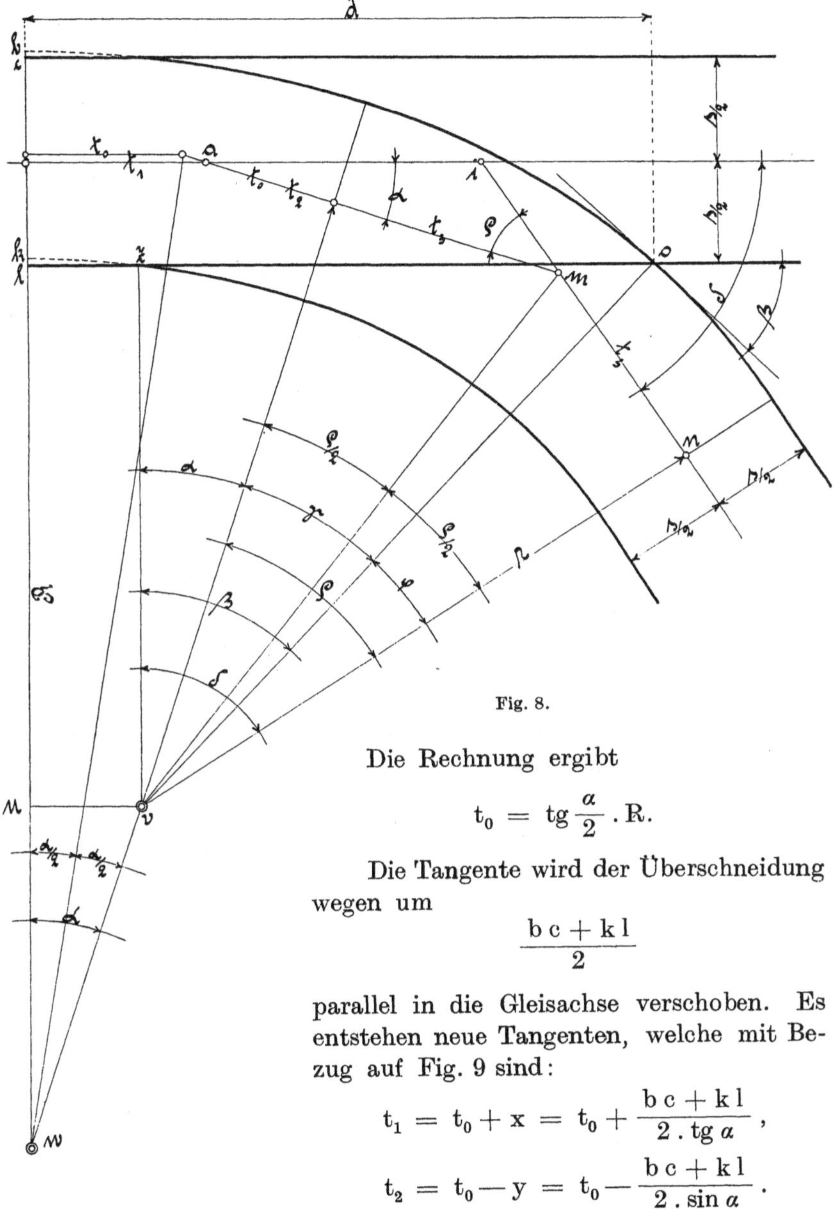

Fig. 8.

Die Rechnung ergibt

$$t_0 = \operatorname{tg} \frac{\alpha}{2} \cdot R.$$

Die Tangente wird der Überschneidung wegen um

$$\frac{b\,c + k\,l}{2}$$

parallel in die Gleisachse verschoben. Es entstehen neue Tangenten, welche mit Bezug auf Fig. 9 sind:

$$t_1 = t_0 + x = t_0 + \frac{b\,c + k\,l}{2 \cdot \operatorname{tg} \alpha},$$

$$t_2 = t_0 - y = t_0 - \frac{b\,c + k\,l}{2 \cdot \sin \alpha}.$$

Der Zungenbogen mit dem Radius R soll am Ende der Zungenvorrichtung tangential in den anschließenden Bogen mit dem Radius r übergehen, es müssen also die beiden Radien R und r im Punkte v

zusammen fallen. Errichtet man v z von v aus parallel zu w l und
v u senkrecht auf w l, so entsteht das rechtwinklige Dreieck u v w
mit dem bekannten Winkel α und der bekannten Seite v w.
Denn es ist:

$$v\,w = R - r.$$

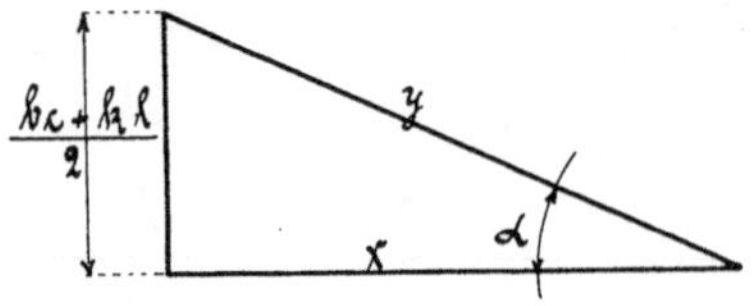

Die übrigen Seiten des Dreiecks u v w betragen:

$$u\,v = \sin \alpha \cdot v\,w,$$
$$u\,w = \cos \alpha \cdot v\,w.$$

Fig. 9.

Ferner ist

$$l\,u = v\,z = R - \left(u\,w + \frac{s}{2} + k\,l\right).$$

Im rechtwinkligen Dreieck o z v ist

$$\cos \beta = \frac{l\,u}{o\,v} = \frac{l\,u}{r + \dfrac{s}{2}}.$$

Winkel β ist der Herzstückwinkel bei o.

$$z\,o = \sin \beta \cdot o\,v = \sin \beta \cdot \left(r + \frac{s}{2}\right).$$

Die Entfernung von Anfang der Weiche bis Herzstückschnittpunkt ergibt sich jetzt zu:

$$d = l\,z + z\,o = u\,v + z\,o.$$

Subtrahiert man den Weichenwinkel α von dem neu erhaltenen
Winkel β, so erhält man den Zentriwinkel γ, also

$$\gamma = \beta - \alpha.$$

Der ganze Zentriwinkel ϱ des äußeren Bogens mit dem Radius r
muß sein:

$$\rho = \delta - \alpha,$$
$$\varphi = \delta - \beta.$$

Die mittleren Tangenten t_3 des anschließenden Bogens mit dem
Radius r sind

$$t_3 = \operatorname{tg} \frac{\rho}{2} \cdot r.$$

Nachdem nun eine Seite und die Winkel des Dreiecks a i m
bekannt sind, lassen sich die übrigen Seiten desselben ermitteln:

$$a\,m \;=\; t_2 + t_3,$$

$$a\,i \;=\; \frac{a\,m\,.\,\sin \rho}{\sin \delta}\,,$$

$$i\,m \;=\; \frac{a\,m\,.\,\sin \alpha}{\sin \delta}\,,$$

denn die Winkel α und ϱ in dem Dreieck $a\,i\,m$ sind gleich den Zentriwinkeln α bzw. ϱ.

$$i\,n \;=\; i\,m + m\,n \;=\; i\,m + t_3.$$

Beispiel 5.

Es sei gegeben: $R = 50{,}5$ m, $r = 20$ m, $s = 1000$ mm, $\delta = 30^0\,20'$. Bei Weichen von ca. 50 m Radius ist eine Länge der Zungenvorrichtung von 4500 bis 5000 mm mit Rücksicht auf die Konstruktion derselben üblich. Dies entspricht ungefähr einem Weichenwinkel von $\alpha = 5^0\,40'$, welcher also für das vorliegende Beispiel angenommen werden soll.

$$t_0 \;=\; \text{tg}\,2^0\,50'\,.\,50\,500 \;=\; 2499,$$

$$t_1 \;=\; 2499 + \frac{14 + 14}{2\,.\,\text{tg}\,5^0\,40'} \;=\; 2499 + 141 \;=\; 2640,$$

$$t_2 \;=\; 2499 - \frac{14 + 14}{2\,.\,\sin 5^0\,40'} \;=\; 2499 - 142 \;=\; 2357,$$

$$v\,w \;=\; 50\,500 - 20\,000 \;=\; 30\,500,$$

$$u\,v \;=\; \sin 5^0\,40'\,.\,30\,500 \;=\; 3012,$$

$$u\,w \;=\; \cos 5^0\,40'\,.\,30\,500 \;=\; 30\,351,$$

$$l\,u \;=\; 50\,500 - 30\,351 - 500 - 14 \;=\; 19\,635,$$

$$\cos \beta \;=\; \frac{2\,.\,19\,635}{2\,.\,20\,000 + 1000} \;=\; 0{,}957\,804\,9,$$

$$\beta \;=\; 16^0\,42'\,15'' \;=\; \text{Herzstückwinkel,}$$

$$z\,o \;=\; \sin 16^0\,42'\,15''\,.\,20\,500 \;=\; 5892,$$

$$d \;=\; 3012 + 5892 \;=\; 8904,$$

$$\gamma \;=\; 16^0\,42'\,15'' - 5^0\,40' \;=\; 11^0\,2'\,15'',$$

$$\rho \;=\; 30^0\,20' - 5^0\,40' \;=\; 24^0\,40',$$

$$\varphi \;=\; 30^0\,20' - 16^0\,42'\,15'' \;=\; 13^0\,37'\,45'',$$

$$t_3 \;=\; \text{tg}\,12^0\,20'\,.\,20\,000 \;=\; 4373,$$

$$a\,m \;=\; 2357 + 4373 \;=\; 6730,$$

$$a\,i \;=\; \frac{6730\,.\,\sin 24^0\,40'}{\sin 30^0\,20'} \;=\; 5561.$$

$$i\,m \;=\; \frac{6730\,.\,\sin 5^0\,40'}{\sin 30^0\,20'} \;=\; 1316,$$

$$i\,n \;=\; 1316 + 4373 \;=\; 5689.$$

2. Weiche mit anschließendem größeren Radius und ohne Überschneidung. (Fig. 10.)

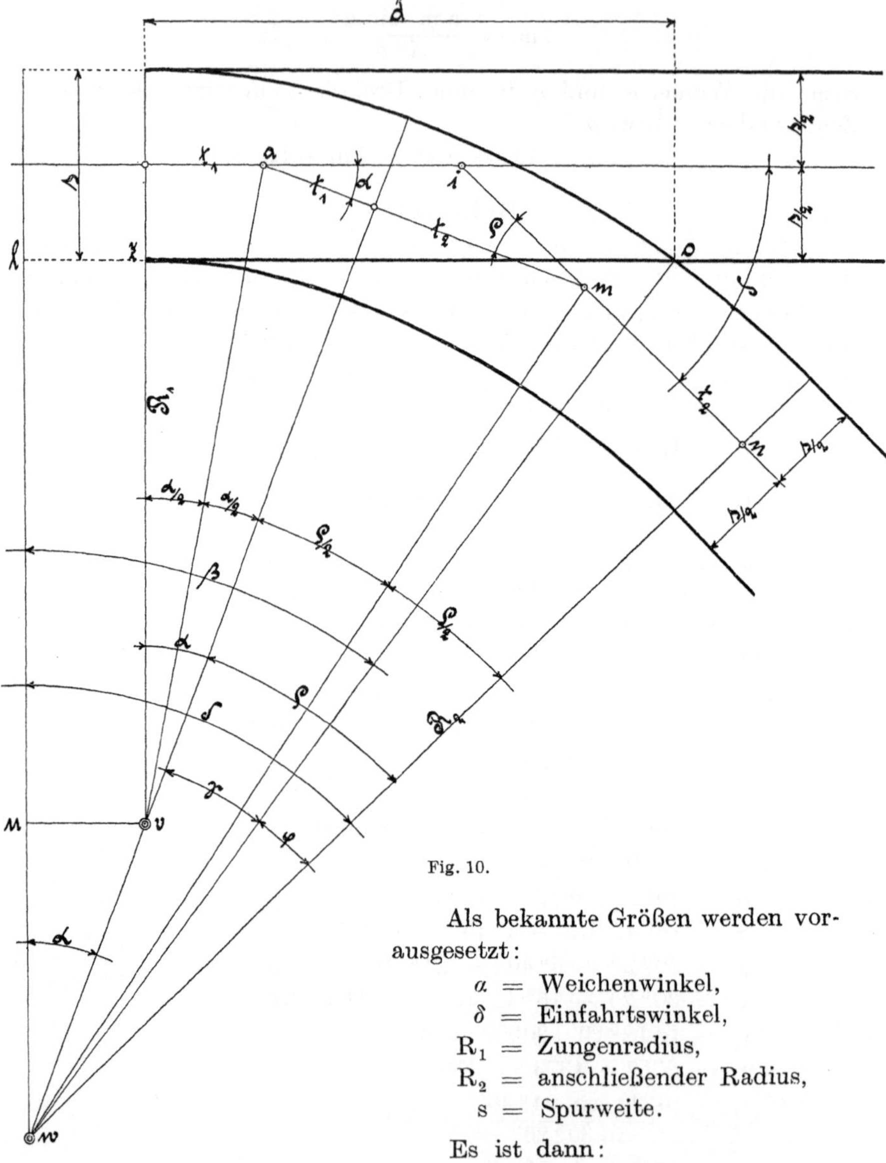

Fig. 10.

Als bekannte Größen werden vorausgesetzt:

$$\alpha = \text{Weichenwinkel,}$$
$$\delta = \text{Einfahrtswinkel,}$$
$$R_1 = \text{Zungenradius,}$$
$$R_2 = \text{anschließender Radius,}$$
$$s = \text{Spurweite.}$$

Es ist dann:

$$t_1 = \operatorname{tg} \frac{\alpha}{2} \cdot R_1,$$
$$\text{Winkel } \rho = \delta - \alpha.$$

$$t_2 = \operatorname{tg} \frac{\rho}{2} \cdot R_2,$$

$$v\,w = R_2 - R_1,$$

$$u\,v = \sin \alpha \cdot v\,w,$$

$$u\,w = \cos \alpha \cdot v\,w,$$

$$l\,u = z\,v = R_1 - \frac{s}{2},$$

$$l\,w = l\,u + u\,w,$$

$$\cos \beta = \frac{l\,w}{o\,w} = \frac{l\,w}{R_2 + \dfrac{s}{2}},$$

$$\beta = \text{Herzstückwinkel},$$

$$l\,z + z\,o = \sin \beta \cdot \left(R_2 + \frac{s}{2}\right),$$

$$l\,z = u\,v,$$

$$d = z\,o = \sin \beta \left(R_2 + \frac{s}{2}\right) - u\,v.$$

Alle übrigen Werte sind nach den unter dem vorigen Abschnitt angegebenen Formeln zu bestimmen.

3. Weiche mit gegebenem Herzstückwinkel und gegebener Länge des Herzstückinnenschenkels, wobei der Radius zwischen Zungenvorrichtung und Herzstück zu bestimmen ist. Ohne Überschneidung. (Fig. 11.)

Es kann der Fall eintreten, daß eine Weiche konstruiert werden soll, zu welcher das zu verwendende Herzstück schon vorrätig ist. Wenn man nun für eine solche Weiche auch wie üblich eine normale Zungenvorrichtung verwenden will, so hat man weiter nichts anderes zu tun, als die Bögen bzw. Geraden zwischen Zungenvorrichtung und Herzstück zu bestimmen. Hierzu sei im voraus gesagt, daß sich solche Weichen nicht immer ausführen lassen. Bei einer zu großen Neigung oder zu großen Schenkellänge des Herzstückes würde der Zwischenradius so klein ausfallen, daß die Weiche überhaupt nicht befahren werden könnte.

Die folgenden Angaben sind zur Berechnung bekannt:

$$\alpha = \text{Weichenwinkel}$$
$$\beta = \text{Herzstückwinkel},$$
$$s = \text{Spurweite},$$
$$R = \text{Zungenradius},$$
$$g\,o = n\,b = \text{Herzstückschenkel}.$$

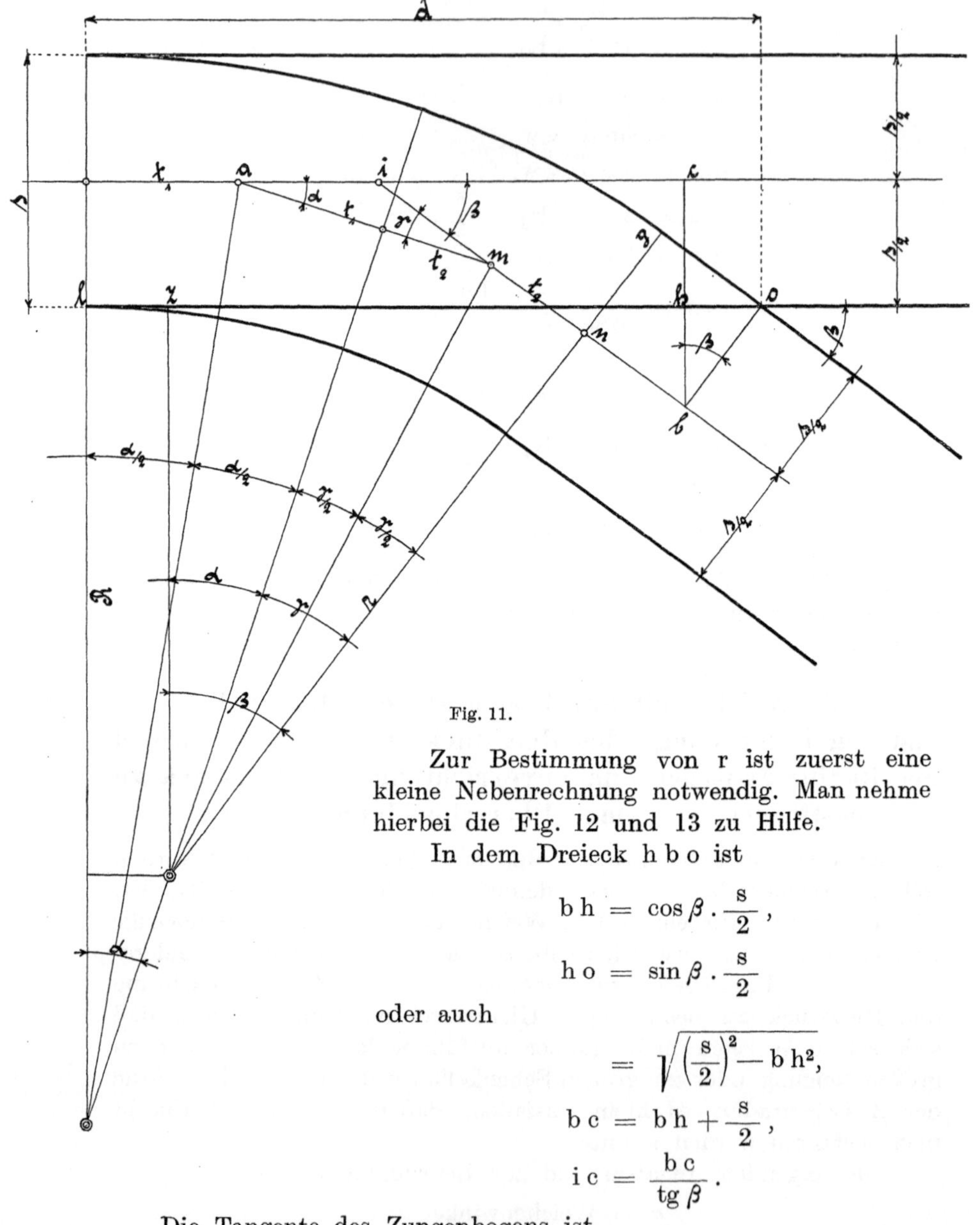

Fig. 11.

Zur Bestimmung von r ist zuerst eine kleine Nebenrechnung notwendig. Man nehme hierbei die Fig. 12 und 13 zu Hilfe.

In dem Dreieck h b o ist

$$b\,h = \cos\beta \cdot \frac{s}{2},$$

$$h\,o = \sin\beta \cdot \frac{s}{2}$$

oder auch

$$= \sqrt{\left(\frac{s}{2}\right)^2 - b\,h^2},$$

$$b\,c = b\,h + \frac{s}{2},$$

$$i\,c = \frac{b\,c}{tg\,\beta}.$$

Die Tangente des Zungenbogens ist

$$t_1 = R \cdot tg\,\frac{\alpha}{2},$$

$$i\,b = \frac{b\,c}{\sin\beta} = i\,m + t_2 + n\,b.$$

Aus Dreieck a i m folgt

$$i\,m \;=\; \frac{\sin\alpha\,.\,(t_1 + t_2)}{\sin\beta} \;=\; \frac{\sin\alpha\,.\,t_1 + \sin\alpha\,.\,t_2}{\sin\beta}\,.$$

Den Wert für i m in obige Gleichung eingesetzt, ergibt

$$\frac{b\,c}{\sin\beta} \;=\; \frac{\sin\alpha\,.\,t_1 + \sin\alpha\,.\,t_2}{\sin\beta} + t_2 + n\,b,$$

$$b\,c \;=\; \sin\alpha\,.\,t_1 + \sin\alpha\,.\,t_2 + \sin\beta\,.\,t_2 + \sin\beta\,.\,n\,b.$$

$$b\,c \;=\; \sin\alpha\,.\,t_1 + t_2\,.\,(\sin\alpha + \sin\beta) + \sin\beta\,.\,n\,b.$$

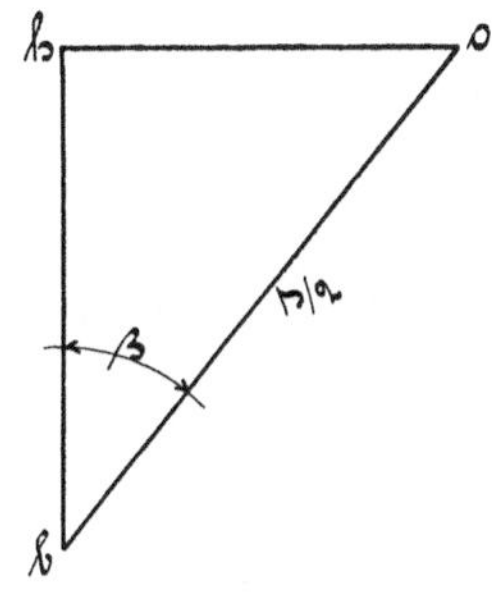
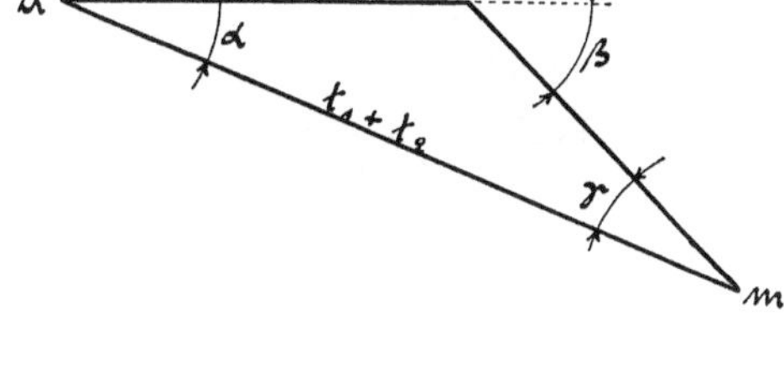

Fig. 12.   Fig. 13.

Die Gleichung nach t_2 aufgelöst, ergibt die Tangente des gesuchten Radius r, nämlich

$$t_2 \;=\; \frac{b\,c - \sin\alpha\,.\,t_1 - \sin\beta\,.\,n\,b}{\sin\alpha + \sin\beta}\,.$$

Hiernach kann der Radius r bestimmt werden, denn

$$r \;=\; \frac{t_2}{\operatorname{tg}\dfrac{\gamma}{2}}\,,$$

worin Winkel

$$\gamma \;=\; \beta - \alpha \text{ ist.}$$

Aus Dreieck a i m folgt noch

$$a\,i \;=\; \frac{\sin\gamma\,.\,a\,m}{\sin\beta} \;=\; \frac{\sin\gamma\,(t_1 + t_2)}{\sin\beta}\,.$$

$$d \;=\; t_1 + a\,i + i\,c + h\,o.$$

Beispiel 6.

Zu einer Zungenvorrichtung mit dem Radius von 50 m und einem Herzstück mit einer Neigung 1:5 und einer Schenkellänge von 2500 mm soll die Zwischenkurve und die Zwischengerade berechnet werden, mit der Maßnahme, daß die Zwischenkurve sich direkt dem Herzstück anschließt und tangential in die Zungenkurve übergeht. Der Weichenwinkel beträgt wie gewöhnlich $\alpha = 5^0\,40'$, der Herzstückwinkel $\beta = 11^0\,18'\,36''$, die Spurweite $s = 1435$ mm, der Zungenradius $R = 50\,000$ und der Herzstückschenkel $g\,o = n\,b = 2500$.

$$b\,h = \cos 11^0\,18'\,36'' \cdot 717{,}5 = 704,$$

$$h\,o = \sin 11^0\,18'\,36'' \cdot 717{,}5 = 141,$$

$$b\,c = 704 + 717{,}5 = 1421,$$

$$i\,c = \frac{1421}{\operatorname{tg} 11^0\,18'\,36''} = 7105,$$

$$t_1 = 50\,000 \cdot \operatorname{tg} 2^0\,50' = 2475,$$

$$i\,b = \frac{1421}{\sin 11^0\,18'\,36''} = 7245,$$

$$t_2 = \frac{1421 - \sin 5^0\,40' \cdot 2475 - \sin 11^0\,18'\,36'' \cdot 2500}{\sin 5^0\,40' + \sin 11^0\,18'\,36''} = 2328.$$

$$\gamma = 11^0\,18'\,36'' - 5^0\,40' = 5^0\,38'\,36'',$$

$$r = \frac{2328}{\operatorname{tg} 2^0\,49'\,18''} = 47\,291,$$

$$i\,m = \frac{\sin 5^0\,40'\,(2475 + 2328)}{\sin 11^0\,18'\,36''} = 2418,$$

$$a\,i = \frac{\sin 5^0\,38'\,36'' \cdot (2475 + 2328)}{\sin 11^0\,18'\,36''} = 2408,$$

$$d = 2475 + 2408 + 7105 + 141 = 12\,129.$$

4. Weiche mit Doppelkurven, welche nach einer Seite abzweigen. Mit Überschneidung. (Fig. 14.)

Solche Weichen soll man nach Möglichkeit meiden, weil die Herzstücke infolge der Doppelkurve und des hieraus entstehenden zu meist sehr spitz ausfallenden Herzstückwinkels β (Fig. 14) häufig zu Entgleisungen führen. Letztere können wesentlich vermindert werden, wenn gegenüber der Herzstückspitze an den beiden Außenschienen die Rille in einer Länge von ca. 2 m auf das notwendigste Maß verengt wird. Dies kann geschehen durch Pressen der Leitschiene an die Hauptschiene, oder durch Neueinsetzen einer Zwangschiene.

Für die Berechnung dieser Weichen müssen außer den unter Abschnitt II, 1 gegebenen Werten noch der Radius R_3 und das Maß d (Fig. 14) gegeben sein. Die dort festgelegten Formeln für t_0, t_1, t_2, v w, u v, u w und l u sind dann auch für diese Rechnung bestimmend, nur mit dem Unterschied, daß statt r jetzt R_2 eingesetzt werden muß.

Aus dem Dreieck g h v ergibt sich;

$$h\,v = d - u\,v,$$

$$g\,h = z\,v - \left(R_3 - \frac{s}{2}\right) = l\,u - R_3 + \frac{s}{2},$$

$$\operatorname{tg}\rho = \frac{g\,h}{h\,v},$$

$$g\,v = \frac{g\,h}{\sin\rho}.$$

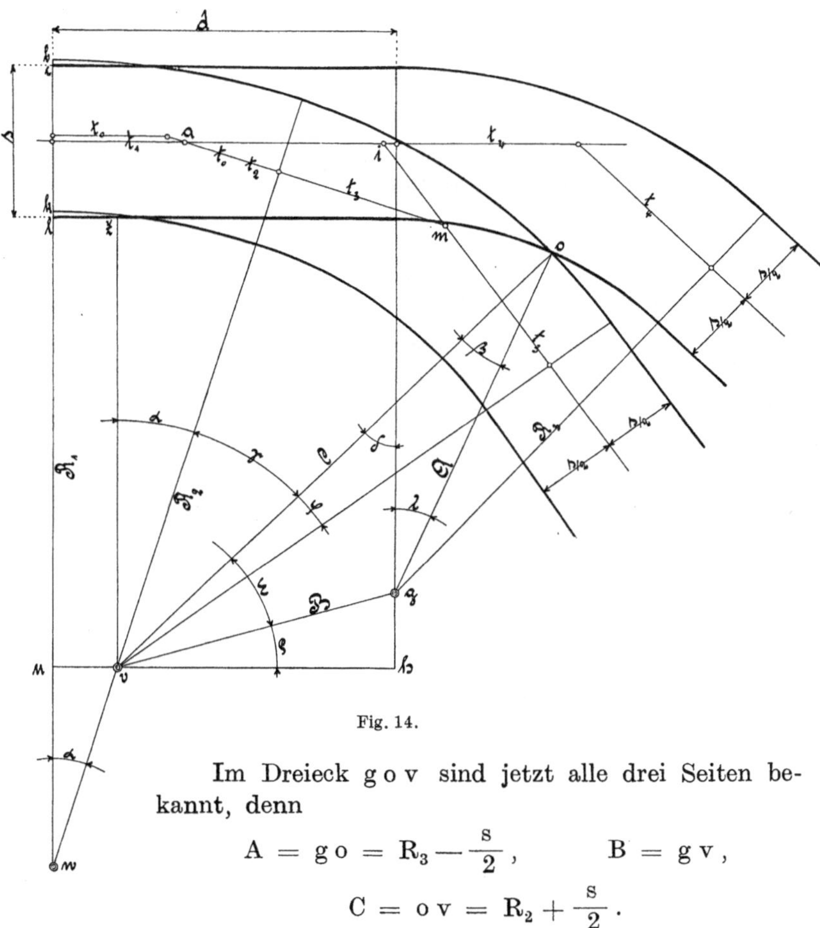

Fig. 14.

Im Dreieck g o v sind jetzt alle drei Seiten bekannt, denn

$$A = g\,o = R_3 - \frac{s}{2}, \qquad B = g\,v,$$

$$C = o\,v = R_2 + \frac{s}{2}.$$

Nach dem Tangentensatz können nun die Winkel β und ε ermittelt werden. Es ist

$$\operatorname{tg}\frac{\beta}{2} = \frac{1}{S - B} \cdot \sqrt{\frac{(S - A)\cdot(S - B)\cdot(S - C)}{S}},$$

Winkel $\beta =$ Herzstückwinkel;

$$\operatorname{tg} \frac{\varepsilon}{2} = \frac{1}{S-A} \cdot \sqrt{\frac{(S-A) \cdot (S-B) \cdot (S-C)}{S}}.$$

Hierin ist S gleich Summe der drei Seiten A B C dividiert durch 2.

$$\gamma = 90^0 - (\alpha + \varepsilon + \rho).$$

Im Dreieck f h v ist

$$\delta = 90^0 - (\varepsilon + \rho).$$

Betrachtet man nun das Dreieck f g o, so sieht man, daß der Innenwinkel β bei o und der Außenwinkel δ bei f bekannt sind. Winkel λ kann also auch ohne weiteres bestimmt werden. Es ist

$$\lambda = \delta - \beta.$$

Alle übrigen Werte lassen sich nach den in den vorigen Abschnitten ermittelten Formeln rechnen.

5. Weiche mit Doppelkurven, welche nach entgegengesetzten Richtungen abzweigen. Ohne Überschneidung. (Fig. 15.)

Die Werte für t_1, t_2 und t_3 sowie v w, u v, u w und v z können nach früher bestimmten Formeln ermittelt werden. Es sei gegeben: Winkel α, δ_1 und δ_2, die Radien R_1, R_2 und R_3, die Spurweite s und die Entfernung d.

Im Dreieck t p v ist

$$\begin{aligned} t\,p &= d - u\,v, \\ t\,v &= R_3 + v\,z + \frac{s}{2}, \\ \operatorname{tg} \rho &= \frac{t\,p}{t\,v}, \\ p\,v &= \frac{t\,p}{\sin \rho}. \end{aligned}$$

Aus dem Dreieck o p v gehen nun alle drei Seiten als bekannt hervor; denn es ist: $B = p\,v$, $A = o\,v = R_2 + \frac{s}{2}$, $C = p\,o = R_3 + \frac{s}{2}$. Die zugehörigen Winkel werden wie im vorigen Abschnitt gefunden.

$$\operatorname{tg} \left(\frac{180^0 - \beta}{2} \right) = \frac{1}{S-B} \cdot \sqrt{\frac{(S-A) \cdot (S-B) \cdot (S-C)}{S}}.$$

Winkel $\beta =$ Herzstückwinkel.

$$\operatorname{tg} \frac{\varepsilon}{2} = \frac{1}{S-C} \cdot \sqrt{\frac{(S-A) \cdot (S-B) \cdot (S-C)}{S}}.$$

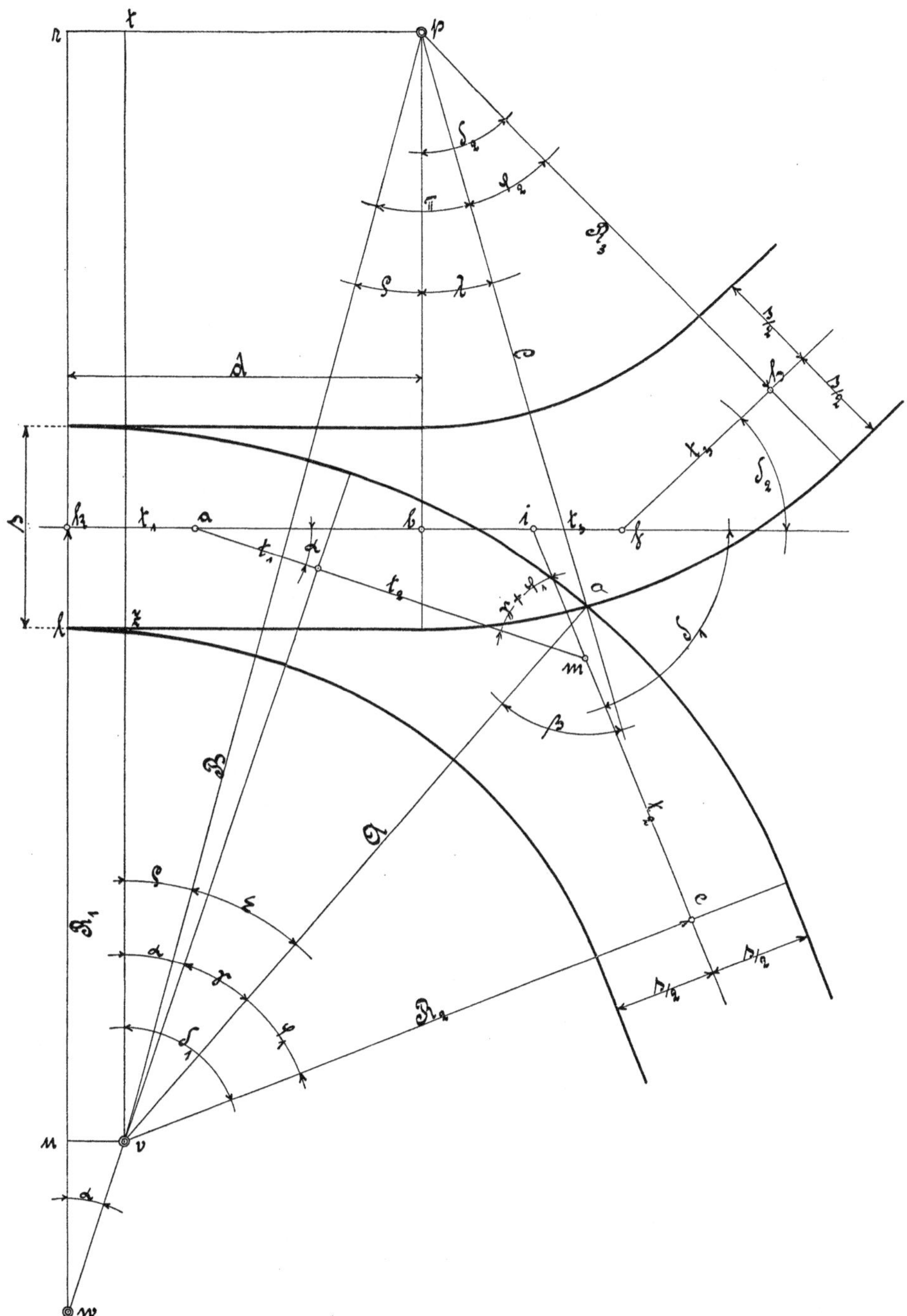

Fig. 15.

Hierin ist S = Summe der drei Seiten A, B und C des Dreiecks, dividiert durch 2.

$$\text{Winkel } \pi = \beta - \varepsilon,$$
$$\text{,,} \quad \lambda = \pi - \rho,$$
$$\text{,,} \quad \gamma = \rho + \varepsilon - \alpha$$
$$\text{,,} \quad \varphi_1 = \delta_1 - (\alpha + \gamma),$$
$$\text{,,} \quad \varphi_2 = \delta_2 - \lambda.$$

Im folgenden soll zu dieser Weiche ein vollständiges Beispiel durchgeführt werden. Die Länge der Weiche soll mit Rücksicht

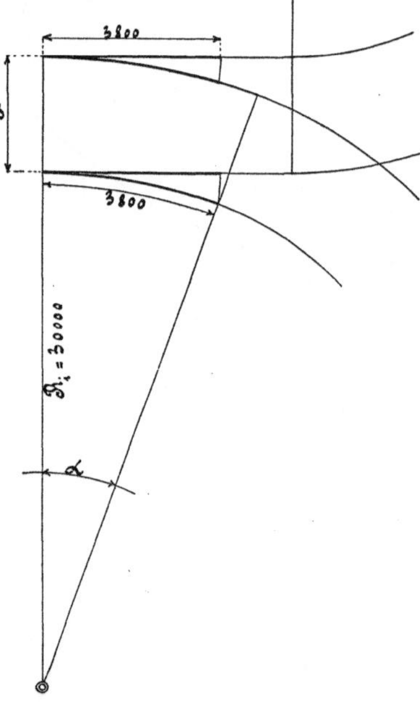

Fig. 16.

auf die Straßenverhältnisse auf ein möglichst kurzes Maß beschränkt werden. Aus diesem Grunde nehme man von dem sonst üblichen Weichenradius von 50 m Abstand und wähle hierfür einen Radius $R_1 = 30$ m. Die Konstruktion der Zungenvorrichtung hat ergeben, daß man hierfür eine Länge von 3800 mm annehmen kann.

Beispiel 7.

Der Weichenwinkel α (siehe auch Figur 16) bestimmt sich dann zu

$$\operatorname{arc} \alpha = \frac{3800}{30\,000},$$
$$\alpha = 7^0\ 15'\ 27''.$$

Die übrigen bekannten Werte sind folgende:

$$R_1 = 30\,500, \qquad R_2 = 17\,500, \qquad R_3 = 17\,000,$$
$$\delta_1 = 35^0, \qquad \delta_2 = 30^0, \qquad s = 1000, \qquad d = 4015.$$

Mit Bezugnahme auf Fig. 15 ist:

$$\mathrm{v\,w} = R_1 - R_2 = 30\,500 - 17\,500 = 13\,000,$$
$$\mathrm{u\,v} = \sin\alpha \cdot \mathrm{v\,w} = \sin 7^0\ 15'\ 27'' \cdot 13\,000 = 1642,$$
$$\mathrm{u\,w} = \cos\alpha \cdot \mathrm{v\,w} = \cos 7^0\ 15'\ 27'' \cdot 13\,000 = 12\,896,$$
$$\mathrm{l\,u} = R_1 - \mathrm{u\,w} - \frac{s}{2} = 30\,500 - 12\,896 - 500 = 17\,104,$$
$$\mathrm{v\,z} = \mathrm{l\,u} = 17\,104.$$

$$t\,p = d - u\,v = 4015 - 1642 = 2373,$$

$$t\,v = R_3 + v\,z + \frac{s}{2} = 17000 + 17104 + 500 = 34604,$$

$$\operatorname{tg}\varrho = \frac{t\,p}{t\,v} = \frac{2373}{34604}, \qquad \varrho = 3^0\,55'\,23'',$$

$$p\,v = \frac{t\,p}{\sin\varrho} = \frac{2373}{\sin 3^0\,55'\,23''} = 34684.$$

Im Dreieck o p v sind die Seiten

$$A = o\,v = R_2 + \frac{s}{2} = 17500 + 500 = 18000,$$

$$B = p\,v = 34684; \quad C = p\,o = R_3 + \frac{s}{2} = 17000 + 500 = 17500.$$

$$\operatorname{tg}\left(\frac{180^0 - \beta}{2}\right) = \frac{1}{1408}\cdot\sqrt{\frac{17092 \cdot 1408 \cdot 17592}{35092}}.$$

Winkel $\beta = 180^0 - 155^0\,22'\,50'' = 24^0\,37'\,10'' = $ Herzstückwinkel.

$$\operatorname{tg}\frac{\varepsilon}{2} = \frac{1}{17592}\cdot\sqrt{\frac{17092 \cdot 1408 \cdot 17592}{35092}}.$$

Winkel $\varepsilon = 12^0\,29'\,8''$,

„ $\pi = \beta - \varepsilon = 24^0\,37'\,10'' - 12^0\,29'\,8'' = 12^0\,8'\,2''$,

„ $\lambda = \pi - \varrho = 12^0\,8'\,2'' - 3^0\,55'\,23'' = 8^0\,12'\,39''$,

„ $\gamma = \varrho + \varepsilon - \alpha = 3^0\,55'\,23'' + 12^0\,29'\,8'' - 7^0\,15'\,27''$
$$= 9^0\,9'\,4'',$$

„ $\varphi_1 = \delta_1 - (\alpha + \gamma) = 35^0 - (7^0\,15'\,27'' + 9^0\,9'\,4'')$
$$= 18^0\,35'\,29'',$$

„ $\varphi_2 = \delta_2 - \lambda = 30^0 - 8^0\,12'\,39'' = 21^0\,47'\,21''$,

$$t_1 = \operatorname{tg}\frac{\alpha}{2}\cdot R_1 = \operatorname{tg} 3^0\,37'\,43''\cdot 30500 = 1934,$$

$$t_2 = \operatorname{tg}\frac{(\gamma + \varphi_1)}{2}\cdot R_2 = \operatorname{tg} 13^0\,52'\,16{,}5''\cdot 17500 = 4321,$$

$$t_3 = \operatorname{tg}\frac{\delta_2}{2}\cdot R_3 = \operatorname{tg} 15^0\cdot 17000 = 4555,$$

$$a\,i = \frac{a\,m\cdot\sin(\gamma + \varphi_1)}{\sin\delta_1} = \frac{6255\cdot\sin 27^0\,44'\,33''}{\sin 35^0} = 5076,$$

$$i\,m = \frac{a\,m\cdot\sin\alpha}{\sin\delta_1} = \frac{6255\cdot\sin 7^0\,15'\,27''}{\sin 35^0} = 1378.$$

Endlich sind noch die Bogenlängen zu berechnen, welche aber leicht zu ermitteln sind, da alle Zentriwinkel und Radien bekannt sind.

6. Weiche, deren Gleise nach entgegengesetzten Richtungen abzweigen, von denen das eine Gleis eine bestimmte Neigung angenommen hat. Mit Überschneidung.

(Fig. 17.)

Die bekannten Werte sind: Die Winkel α und δ, die Radien R_a, R_i, R_1 und R_2, sowie die Entfernung d und die Spurweite s. Die Maße für die Überschneidung sind hier genau so anzunehmen, wie dieselben schon früher berechnet wurden.

$$t_3 = \operatorname{tg}\frac{\alpha}{2} \cdot R_a\,,$$

$$t_4 = t_3 + \frac{b\,c}{\operatorname{tg}\alpha}\,,$$

$$t_5 = t_3 - \frac{b\,c}{\sin\alpha}\,.$$

Die Tangenten t_0, t_1 und t_2 gehen aus Abschnitt I, 2 hervor. Im Dreieck f g h (Fig. 17) ist

$$f\,g = d - t_4.$$

$$g\,h = \operatorname{tg}\alpha \cdot f\,g,$$

$$f\,h = \frac{g\,h}{\sin\alpha}\,.$$

In dem Dreieck i h o ist

$$i\,h = R_1 + g\,h,$$

$$i\,o = R_1 + s,$$

$$\measuredangle\,\varepsilon = 90^0 + \alpha,$$

$$\sin\varphi = \frac{\sin(90^0 + \alpha) \cdot i\,h}{i\,o}\,,$$

$$\gamma = 180^0 - (\varphi + \varepsilon) \text{ oder auch } = 90^0 - (\varphi + \alpha),$$

$$\beta = \gamma + \alpha, \qquad \beta = \text{Herzstückwinkel},$$

$$h\,o = \frac{i\,h \cdot \sin\gamma}{\sin\varphi}\,,$$

$$m\,o = h\,o + (f\,h - t_5),$$

$$t_6 = \operatorname{tg}\frac{\delta}{2} \cdot R_2.$$

Diejenigen Weichenarten, welche für die Praxis hauptsächlich Bedeutung haben, sind hier nun zum größten Teil behandelt worden. Es könnte natürlich noch auf eine ganze Anzahl mancher ausgesuchter Weichensysteme eingegangen werden; doch würde dies zu weit führen und den Platz dieses Werkes allein für sich in Anspruch nehmen. Demjenigen, der die Reihenfolge der bisher gelösten Auf-

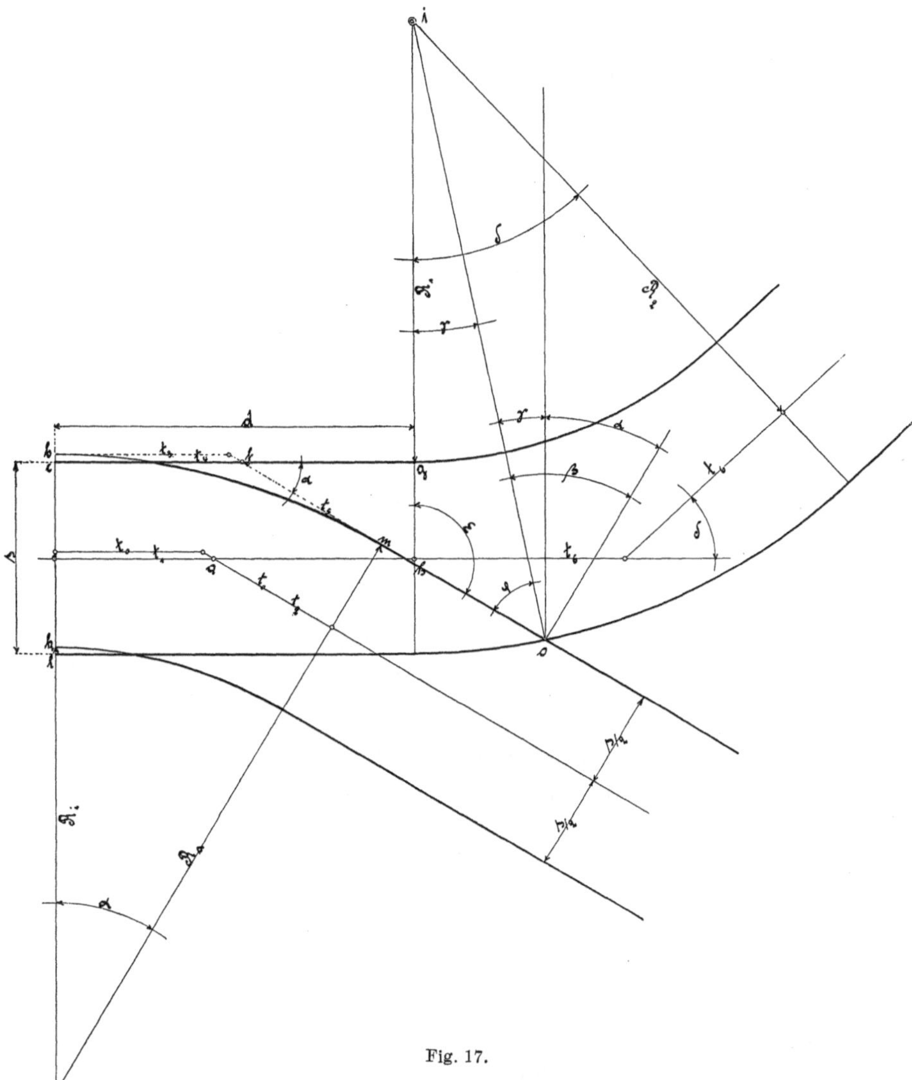

Fig. 17.

gaben gut verfolgt und sich dieselben angeeignet hat, wird es nicht schwer fallen, die Berechnung einer Weiche selbständig durchzuführen, auch wenn dieselbe eine etwas andere Form hat, als die hier beschriebenen.

III. Die Ermittelung der Bögen an den Zungen- und Kurvenherzstücken.

Zur Bestimmung der Bögen bediene man sich des Rechnens mit Hilfe der Ordinaten und Abszissen des Kreises.

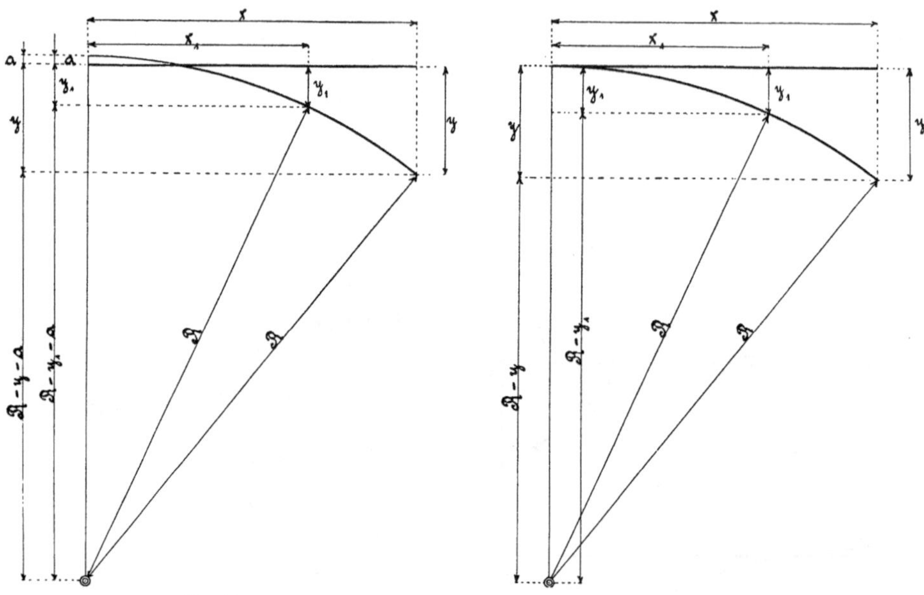

Fig. 18.   Fig. 19.

1. Zungenstücke. (Fig. 18 und 19.)

Ist die Länge x des Zungenstückes sowie der Radius R desselben bekannt, so läßt sich das Quermaß y am Ende des Zungenstückes von Fahrkante bis Fahrkante der Schienen nach der folgenden Rechnung bestimmen.

a) Ohne Überschneidung (Fig. 18).

$$R^2 = (R - y)^2 + x^2,$$
$$R - y = \sqrt{R^2 - x^2},$$
$$y = R - \sqrt{R^2 - x^2}.$$

b) Mit Überschneidung (Fig. 19).

$$R^2 = (R - y - a)^2 + x^2,$$
$$R - y - a = \sqrt{R^2 - x^2},$$
$$y = R - a - \sqrt{R^2 - x^2}.$$

Zum Aufsuchen von y_1 gelten dieselben Formeln, nur mit dem Unterschiede, daß dann statt x: x_1 eingesetzt werden muß.

2. Kurvenherzstücke. (Fig. 20.)

Man trägt zunächst auf der Geraden a b im Punkte i auf beiden Seiten nach rechts und links den halben Herzstückwinkel $\dfrac{\beta}{2}$ an, so daß die Gerade a b den Herzstückwinkel β genau halbiert. Es

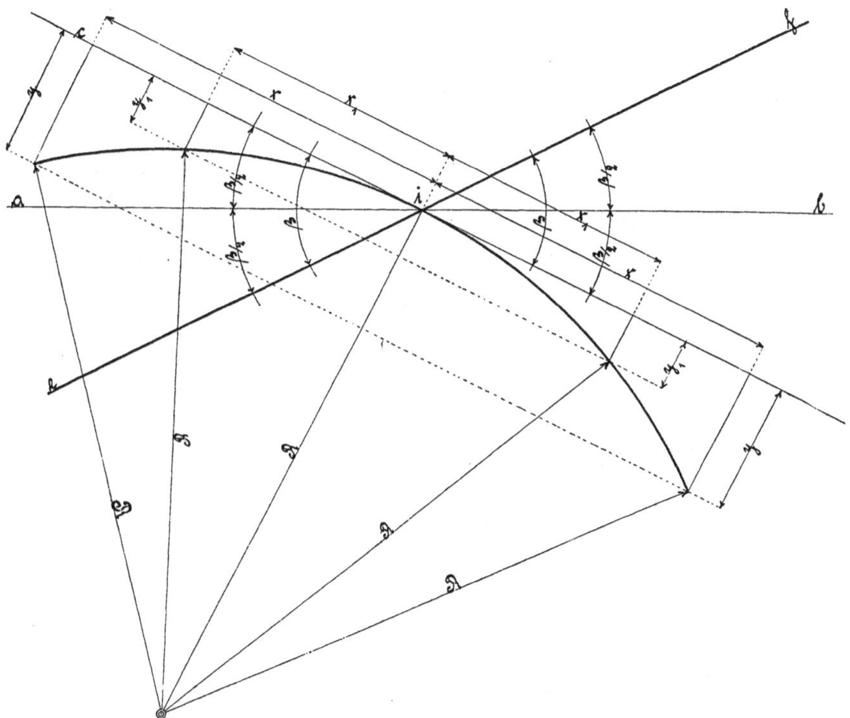

Fig. 20.

ist Bedingung, daß die Kurve die Gerade c d im Punkte i tangiert. Von diesem Punkte i aus trage man dann auf der Geraden c d nach rechts und links beliebige Stücke x, x_1 usw. ab und berechne hierzu die Größen y, y_1 usw. Vergleiche Fig. 20 mit Abschnitt II, 1.

$$y = R - \sqrt{R^2 - x^2}\,,$$
$$y_1 = R - \sqrt{R^2 - x_1{}^2}\,.$$

Ein zweites Beispiel soll zu Abschnitt II, 5, Fig. 15 gezeigt werden.

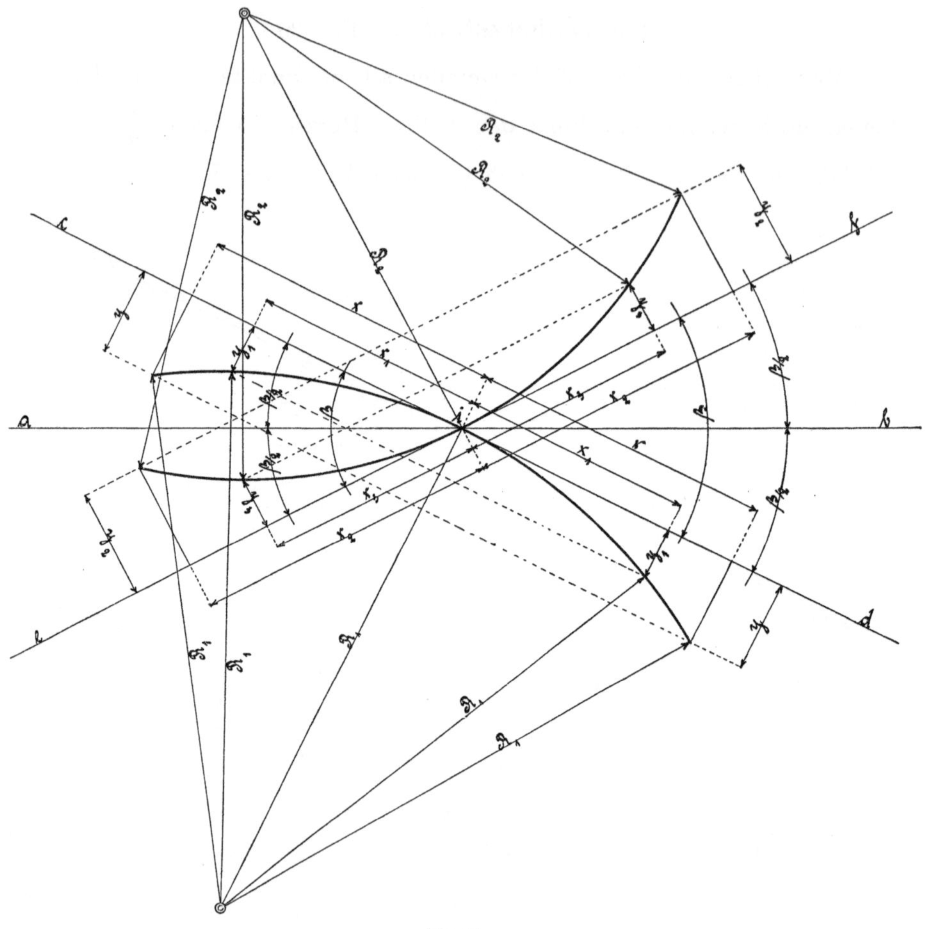

Fig. 21.

$$y = R_1 - \sqrt{R_1^2 - x^2}\,,$$
$$y_1 = R_1 - \sqrt{R_1^2 - x_1^2}\,,$$
$$y_2 = R_2 - \sqrt{R_2^2 - x_2^2}\,,$$
$$y_3 = R_2 - \sqrt{R_2^2 - x_3^2}\,.$$

Nach Einsetzen der bekannten Werte für R und der beliebig angenommenen Entfernung x vom Tangentenpunkt i aus in obige Formeln kann man jeden Bogen in einfachster Weise auftragen.

Die Tabellen 4 und 5 sind zusammengestellt, um es dem Rechner möglichst bequem zu machen und die so häufig wiederkehrenden Zahlen sofort ablesen zu können. In der oberen horizontalen Reihe sind die Radien = R angegeben, in der linken

Tabelle 4.

R	15	15,5	16	16,5	17	17,5	18	18,5	19	19,5	20	20,5	21	21,5	22	22,5	23	23,5	24	24,5	25	25,5	26	26,5	27	27,5	28	28,5	29	29,5	30	30,5	31	31,5	32	32,5
x	y																																			
200	1	1	1	1	1	1	1	1	1	1	1	1	1	1	1	1	1	1	1	1	1	1	1	1	1	1	1	1	1	1	1	1	1	1	1	1
400	5	5	5	5	5	5	4	4	4	4	4	4	4	4	4	4	4	3	3	3	3	3	3	3	3	3	3	3	3	3	3	3	3	3	2	2
600	12	12	11	11	11	10	10	10	10	9	9	9	9	8	8	8	8	8	7	7	7	7	7	7	6	6	6	6	6	6	6	6	6	6	6	5
800	21	21	20	19	19	18	18	17	17	17	16	16	15	15	15	14	14	13	13	13	13	13	12	12	12	12	11	11	11	11	11	10	10	10	10	10
1000	33	32	31	30	30	29	28	27	26	26	25	24	24	23	23	22	22	21	21	20	20	20	19	19	18	18	18	17	17	17	17	16	16	16	16	15
1200	48	46	45	44	43	41	40	39	38	37	36	35	34	34	33	32	31	31	30	29	29	28	28	27	27	26	26	25	25	24	24	23	23	23	22	22
1400	66	63	61	60	58	56	55	53	52	50	49	48	47	46	45	44	43	42	41	40	39	38	38	37	36	36	35	34	34	33	33	32	32	31	31	30
1600	86	83	80	78	76	73	71	69	67	66	64	63	61	60	58	57	56	54	53	52	51	50	49	48	47	47	46	45	44	43	43	42	41	41	40	39
1800	108	105	102	99	96	93	90	88	85	83	81	79	77	75	74	72	70	69	68	66	65	64	62	61	60	59	58	57	56	55	54	53	52	51	51	50
2000	134	130	125	122	119	115	111	109	106	103	100	98	96	93	91	89	87	85	83	82	80	79	77	75	74	73	72	70	69	68	67	66	65	63	62	61
2200	162	157	152	147	143	139	135	131	128	124	121	118	116	113	110	108	105	103	101	99	97	95	93	91	90	88	87	85	83	82	81	79	78	77	76	74
2400	193	187	181	175	172	165	161	156	152	148	145	141	138	134	131	128	125	123	120	118	115	113	111	109	107	105	103	101	99	98	96	94	93	91	90	89
2600	227	220	213	206	200	194	189	183	179	174	170	166	162	158	154	151	147	144	141	138	135	133	130	128	125	123	121	119	117	115	112	111	109	107	106	104
2800	264	255	247	239	232	226	219	213	208	202	197	192	187	183	179	175	171	167	164	160	157	154	151	148	145	143	140	138	135	133	131	129	127	125	123	121
3000	303	293	284	275	267	259	252	245	238	232	226	221	215	210	205	201	196	192	188	184	181	177	174	170	167	164	161	158	156	153	150	148	145	143	141	139
3200	345	334	323	313	304	296	287	279	271	264	258	251	245	239	234	229	224	219	214	210	206	202	198	194	190	187	183	180	177	174	171	169	166	163	160	158
3400	390	377	365	354	343	333	324	315	307	299	291	284	277	270	264	258	253	247	242	237	232	227	223	219	215	211	207	203	199	195	192	190	187	183	180	178
3600	438	424	410	397	386	375	364	354	344	335	327	319	311	303	296	289	283	277	272	266	261	255	250	246	241	237	232	228	224	220	216	214	210	205	203	200
3800	489	473	458	444	430	418	406	395	384	374	364	355	347	338	331	323	316	309	303	296	290	284	279	274	269	264	259	254	249	245	241	238	234	229	225	223
4000	543	525	508	492	477	463	450	438	426	415	404	394	384	375	366	358	350	343	336	329	322	315	309	304	298	292	287	282	277	272	267	263	259	255	251	247

Tabelle 5.

R	33	34	35	36	37	38	39	40	41	42	43	44	45	46	47	48	49	50	51
x	y																		
250	1	1	1	1	1	1	1	1	1	1	1	1	1	1	1	1	1	1	1
500	4	4	4	3	3	3	3	3	3	3	3	3	3	3	3	3	3	3	2
750	8	8	8	8	8	7	7	7	7	7	7	6	6	6	6	6	6	6	6
1000	15	15	14	14	14	13	13	13	12	12	12	11	11	11	11	10	10	10	10
1250	24	23	22	22	21	20	20	20	19	19	18	18	17	17	17	16	16	16	15
1500	34	33	32	31	30	30	29	28	27	27	26	25	25	24	24	23	23	23	22
1750	46	45	44	42	41	40	39	39	37	36	36	35	34	33	33	32	31	31	30
2000	61	59	57	55	54	53	51	50	49	48	47	46	44	43	42	42	41	40	39
2250	77	75	72	70	68	67	65	63	62	60	59	58	56	55	54	53	52	51	50
2500	95	92	89	87	84	82	80	78	76	74	73	71	70	68	66	65	64	63	61
2750	115	111	108	105	102	100	97	94	92	90	87	86	84	82	80	79	77	76	74
3000	137	133	129	125	122	119	116	112	110	107	105	102	100	98	96	94	92	90	88
3250	160	156	151	147	143	139	136	132	129	126	123	120	118	115	112	110	108	106	104
3500	186	181	175	171	166	161	157	153	150	146	143	139	136	133	131	128	125	123	120
3750	214	207	201	196	191	186	181	176	172	168	164	160	157	153	150	147	144	141	138
4000	243	236	229	223	217	211	206	201	196	191	186	182	178	174	171	167	163	160	157
4250	275	267	259	252	245	238	232	226	221	216	211	206	201	197	193	189	185	181	177
4500	308	299	290	282	275	267	260	254	248	242	236	231	226	221	216	211	207	203	199
4750	344	334	324	315	306	298	290	283	276	269	263	257	251	246	241	236	231	226	222
5000	381	370	359	349	339	330	322	314	306	299	292	285	279	273	267	261	256	251	246

vertikalen Reihe die angenommene Abszisse x. Die zugehörige Ordinate y findet man, wenn man von dem gewünschten Wert für R vertikal herunter geht bis in die horizontale Reihe von dem gewünschten x. Die an dieser Stelle stehende Zahl gibt den Wert für y an. Die Größen für die Radien R sind in m, die Größen für x und y in mm angegeben.

3. Bestimmung der Entfernung zwischen zwei sich gegenüberliegenden Herzstückschenkelenden. (Fig. 22.)

In vielen Fällen genügt es nicht, daß man Kurvenherzstücke unter Anwendung der Ordinaten- und Abszissenberechnung zeichnerisch aufträgt und dann hierdurch die Schenkelöffnung mißt. Erstens ist das zeichnerisch festgestellte Maß nicht immer genau genug, und zweitens wird es oft vorkommen, daß die ganze Länge des Bogens nicht immer gezeichnet werden kann. Man muß deshalb eine Rechnungsmethode anwenden, nach welcher die Schenkelöffnungen der Herzstücke ohne zeichnerische Auftragung ermittelt werden können. Dies soll im folgenden gezeigt werden.

In Fig. 22 sind die Radien R und R_1 bekannt, ebenso die Schenkellängen a i, b i, i g, i m, die Gerade i e, die Bogenlänge e g und der Herzstückwinkel α. Es sollen die Schenkelöffnungen a b und g m ermittelt werden.

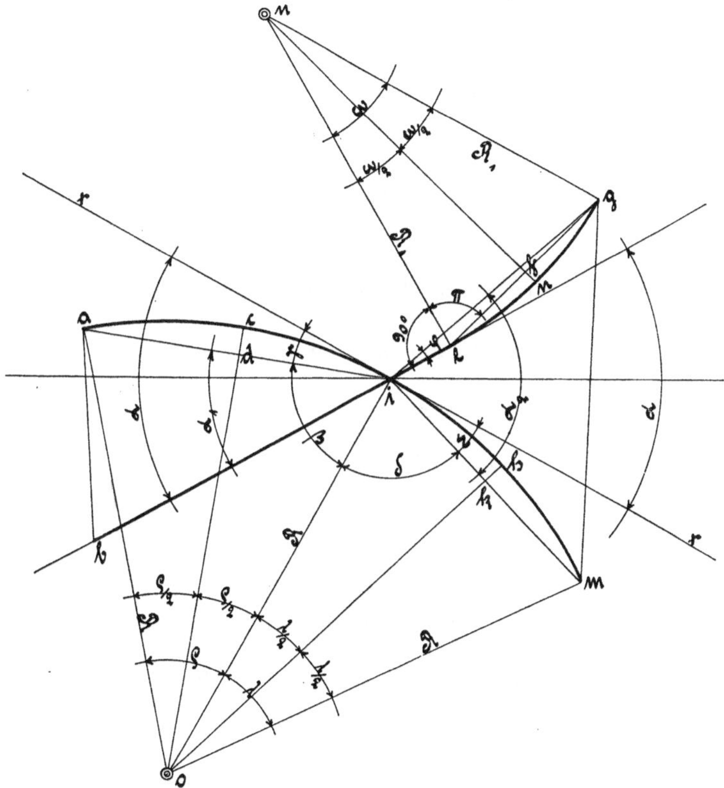

Fig. 22.

Wenn die Bogenlänge a i und der zugehörige Radius R bekannt sind, so ist

$$\text{arc } \rho = \frac{a c i}{R}.$$

Aus dem Dreieck d i o geht die halbe Sehnenlänge d i des Bogens a c i hervor, denn

$$d i = \sin \frac{\rho}{2} . R.$$

Die ganze Sehnenlänge ist dann

$$a i = 2 . d i = 2 R . \sin \frac{\rho}{2} .$$

3*

In dem rechtwinkligen Dreieck d i o ist

$$\text{Winkel } \beta = 90^0 - \frac{\rho}{2}.$$

Da der Radius R $=$ o i senkrecht auf der Geraden x x steht, so muß sein

$$\text{Winkel } \gamma = 90^0 - \beta = \frac{\rho}{2}$$

und

$$\text{Winkel } \alpha_1 = \alpha - \gamma = \alpha - \frac{\rho}{2}.$$

Es ergibt sich aus dieser Rechnung die gewünschte Seite

$$\text{a b} = \sqrt{\text{a i}^2 + \text{b i}^2 - 2 \cdot \text{a i} \cdot \text{b i} \cdot \cos \alpha_1}.$$

Hierin ist a i die Sehne des gebogenen Schenkels a c i und b i der gerade Schenkel.

Auf der rechten Seite der Fig. 22 ist ferner

$$\text{arc } \omega = \frac{\text{e n g}}{\text{R}_1}.$$

Die halbe Sehnenlänge des Bogens e n g

$$\text{e f} = \text{f g} = \sin \frac{\omega}{2} \cdot \text{R}_1.$$

Die ganze Sehnenlänge

$$\text{e g} = 2\,\text{R}_1 \cdot \sin \frac{\omega}{2}.$$

In dem rechtwinkligen Dreieck e f n ist Winkel

$$\pi = 90^0 - \frac{\omega}{2}.$$

In dem Dreieck i e g ist der Innenwinkel bei e gleich

$$90^0 + \pi = 180^0 - \frac{\omega}{2}.$$

Es ist nun

$$\text{i g} = \sqrt{\text{i e}^2 + \text{e g}^2 - 2 \cdot \text{i e} \cdot \text{e g} \cdot \cos\left(180^0 - \frac{\omega}{2}\right)},$$

$$\sin \varphi = \frac{\sin\left(180^0 - \frac{\omega}{2}\right) \cdot \text{e g}}{\text{i g}}.$$

Aus der Länge des gebogenen Schenkels i h m und dem zugehörigen Radius R ist der Winkel

$$\text{arc } \lambda = \frac{\text{i h m}}{\text{R}}.$$

Die halbe Sehnenlänge dazu

$$i\,k = k\,m = \sin\frac{\lambda}{2}\cdot R,$$

$$i\,m = i\,k + k\,m = 2\cdot R\cdot\sin\frac{\lambda}{2},$$

$$\text{Winkel } \delta = 90^0 - \frac{\lambda}{2},$$

$$\text{,, } \varepsilon = 90^0 - \delta = \frac{\lambda}{2},$$

$$\text{,, } \alpha_2 = \alpha + \varphi + \varepsilon.$$

Die verlangte Seite kann jetzt bestimmt werden, und zwar beträgt sie

$$g\,m = \sqrt{i\,g^2 + i\,m^2 - 2\cdot i\,g\cdot i\,m\cdot\cos\alpha_2}.$$

IV. Kreuzungen.

Ebenso wie bei den Kurvenweichen trifft man in der Praxis auch bei den Kreuzungen manche verschiedene Arten an. Welche von denselben, ob geradlinig oder mit gebogenem Gleis, zu verwenden sind, hängt ganz von der Örtlichkeit der Verwendungsstelle oder von der Lage der übrigen zugehörigen Gleisanlage ab. Kreuzungen mit flachen Neigungen und stark gekrümmten Bögen sind nach Möglichkeit zu vermeiden.

Die Berechnung der Kreuzungen, bestehend aus zwei sich schneidenden geraden Gleisen soll hier der Einfachheit wegen nicht angeführt werden.

1. Kreuzung eines geraden mit einem gebogenen Gleise.
(Fig. 23.)

Die meisten dieser Kreuzungen kommen bei doppelgleisigen Abzweigungen vor, wobei das äußere gebogene Gleis das innere gerade Gleis schneidet, welches durch Fig. 23 dargestellt ist. Die Berechnung setzt voraus, daß der Weichenwinkel α, der Zungenradius R_1, die anschließenden Radien R_a und R_i, die Spurweite s und der Gleisabstand g bekannt sind.

Die Formeln zur Bestimmung von v w und u w können aus den früheren Berechnungen für Kurven-Weichen entnommen werden.

Die übrigen Werte ergeben sich nachstehend zu:

$$k\,v = R_1 - \left(g - \frac{s}{2}\right) - u\,w,$$

$$k\,v = R_1 - g + \frac{s}{2} - u\,w,$$

$$z\,v = k\,v - s.$$

In den Dreiecken a k v, b k v, c z v und d z v ist

$$\cos \beta = \frac{k\,v}{R_i},$$

$$\cos \gamma = \frac{k\,v}{R_a},$$

$$\cos \delta = \frac{z\,v}{R_i},$$

$$\cos \varepsilon = \frac{z\,v}{R_a}.$$

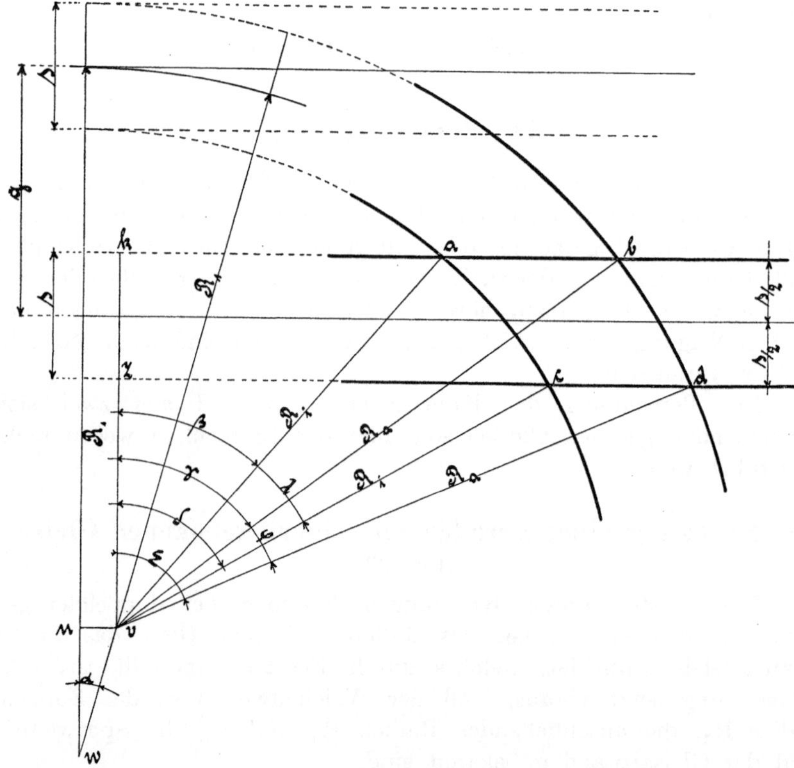

Fig. 23.

Winkel β, γ, δ und ε sind die Kreuzungswinkel.

$$\text{Winkel } \lambda = \delta - \beta,$$
$$\text{,,} \quad \varphi = \varepsilon - \gamma.$$

Zur Bestimmung der Zwischengeraden a b und c d bilde man erst

$$k\,a = \sin \beta \,.\, R_i,$$
$$k\,b = \sin \gamma \,.\, R_a.$$

Diese Werte in der nächsten Gleichung berücksichtigt, ergibt

$$a\,b \;=\; k\,b - k\,a \;=\; \sin\gamma \, . \, R_a - \sin\beta \, . \, R_i,$$
$$z\,c \;=\; \sin\delta \, . \, R_i,$$
$$z\,d \;=\; \sin\varepsilon \, . \, R_a,$$
$$c\,d \;=\; z\,d - z\,c \;=\; \sin\varepsilon \, . \, R_a - \sin\delta \, . \, R_i.$$

Die Zwischenbögen $b\,d$ und $a\,c$ betragen:

$$b\,d \;=\; \mathrm{arc}\,\varphi \, . \, R_a,$$
$$a\,c \;=\; \mathrm{arc}\,\lambda \, . \, R_i.$$

2. Kreuzung eines geraden mit einem gebogenen Gleise, zu welcher der Kreuzungswinkel der Gleisachsen gegeben ist. (Fig. 24.)

Gegeben ist der mittlere Radius des gebogenen Gleises $= R_m$, die Spurweite $= s$ und der Kreuzungswinkel der beiden Gleis-

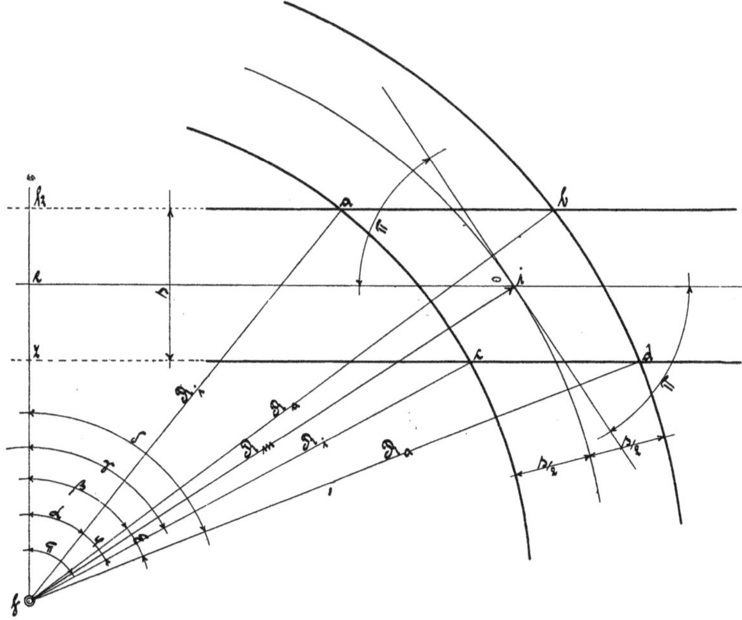

Fig. 24.

achsen $= \pi$. Da der mittlere Radius R_m und die Spurweite s bekannt sind, so kennt man auch den äußeren und den inneren Radius R_a und R_i.

Die Berechnung der Kreuzungswinkel α, β, γ und δ und der Zwischengeraden $a\,b$ und $c\,d$ sowie der Zwischenbögen $b\,d$ und $a\,c$

ist hier leicht durchzuführen. Man trägt den gegebenen Winkel π an die gerade Gleisachse im Scheitelpunkt i nach beiden Seiten an. Die hierdurch entstehende schneidende Gerade ist die Tangente des mittleren Bogens im Scheitelpunkt i. In diesem Punkte errichtet man auf die Tangente eine Senkrechte und gibt ihr die Länge des bekannten Radius $R_m = $ i f. Der Winkel, welcher von den Geraden e f und f i eingeschlossen wird, ist gleich dem Kreuzungswinkel π, wenn e f senkrecht auf e i steht. Es sind nun die Seiten und Winkel der Dreiecke a k f, b k f, c z f und d z f sowie die übrigen Abmessungen mit Zuhilfenahme der im vorigen Abschnitt genannten Formeln zu berechnen.

3. Kreuzung zweier gebogener Gleise. (Fig. 25.)

Folgende Werte sollen zur Berechnung dieser Kreuzung gegeben sein: Die mittleren Radien R_1 und R_2, der Gleisabstand a b, das bei der geometrischen Aufmessung sich ergebende Maß h i und die Tangentenwinkel φ und ε.

Es kommt zunächst darauf an, die Entfernung b c zu ermitteln. Man bestimme daher die Tangenten a i $=$ i o und c f $=$ f g. Dieselben betragen:

$$\text{a i} = \text{i o} = \operatorname{tg} \frac{\varepsilon}{2} \cdot R_2,$$

$$\text{c f} = \text{f g} = \operatorname{tg} \frac{\varphi}{2} \cdot R_1.$$

In dem Dreieck d f h ist

$$\text{d h} = \operatorname{tg}(90^0 - \varphi) \cdot \text{d f} = \operatorname{tg}(90^0 - \varphi) \cdot \text{a b},$$
$$\text{b c} = \text{a i} - \text{c f} - \text{d h} - \text{h i}.$$

Die oben erhaltenen Werte in diese Gleichung eingesetzt, ergibt:

$$\text{b c} = \operatorname{tg} \frac{\varepsilon}{2} \cdot R_2 - \operatorname{tg} \frac{\varphi}{2} \cdot R_1 - \operatorname{tg}(90^0 - \varphi) \cdot \text{a b} - \text{h i},$$
$$\text{p x} = \text{b c},$$
$$\text{x y} = \text{a p} - \text{a b} + \text{y c} = R_2 - \text{a b} + R_1,$$
$$\operatorname{tg} \lambda = \frac{\text{p x}}{\text{y x}}.$$

Setzt man den Wert für p x und x y hierin ein, so ist

$$\operatorname{tg} \lambda = \frac{\text{b c}}{R_2 - \text{a b} + R_1},$$
$$\text{p y} = \frac{\text{b c}}{\sin \lambda}.$$

Wenn die beiden mittleren Radien R_1 und R_2 sowie die Spurweite s bekannt sind, so kennt man auch die beiden inneren und die beiden äußeren Radien zu R_1 und R_2. Nach diesen Angaben gelingt es, die bisher unbekannten Winkel α, β, γ und δ der vier Dreiecke k p y, l p y, m p y und n p y zu bestimmen, da alle drei Seiten der Dreiecke bekannt sind.

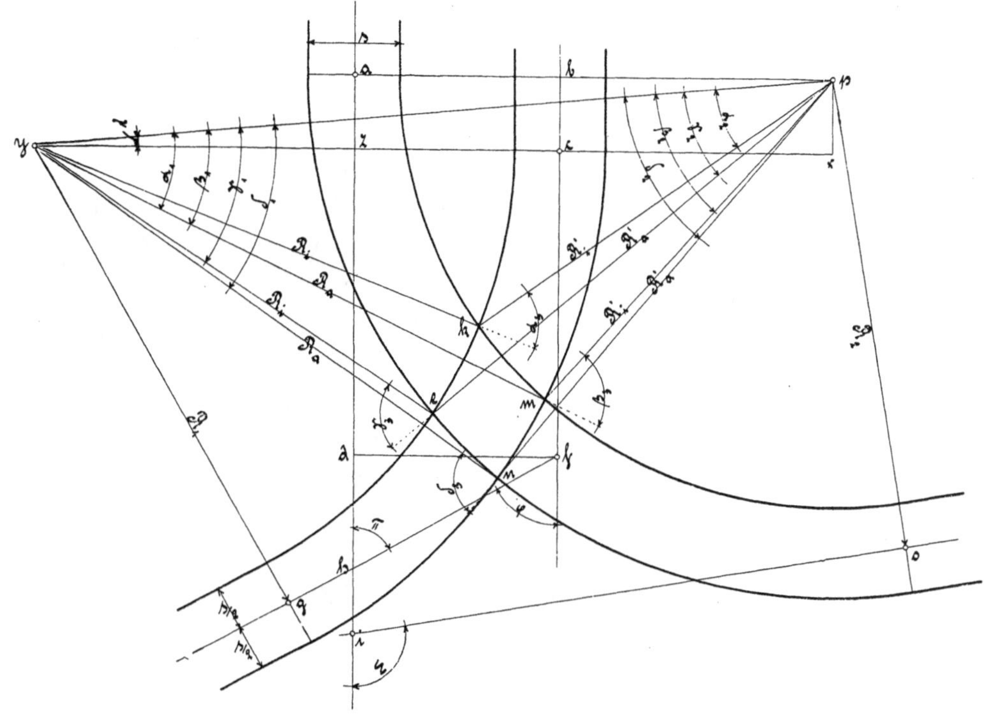

Fig. 25.

So ist z. B.:

$$\cos \alpha_1 = \frac{p\,y^2 + k\,y^2 - k\,p^2}{2\,p\,y \cdot k\,y},$$

$$\cos \alpha_2 = \frac{p\,y^2 + k\,p^2 - k\,y^2}{2\,p\,y \cdot k\,p}.$$

Der Kreuzungswinkel $\alpha_3 = \alpha_1 + \alpha_2$.

Die noch fehlenden Winkel der Dreiecke und die Kreuzungswinkel werden ebenso gefunden, nur daß man andere entsprechende Bezeichnungen einsetzt. Das Aufsuchen der Kurven zwischen den Kreuzungspunkten wurde schon im vorigen Abschnitt gezeigt.

4. Kreuzung eines geraden mit einem gebogenen Gleise. (Fig. 26.)

Bekannt ist der mittlere Radius R und die Spurweite s, somit auch der innere und der äußere Radius R_i und R_a, ferner der

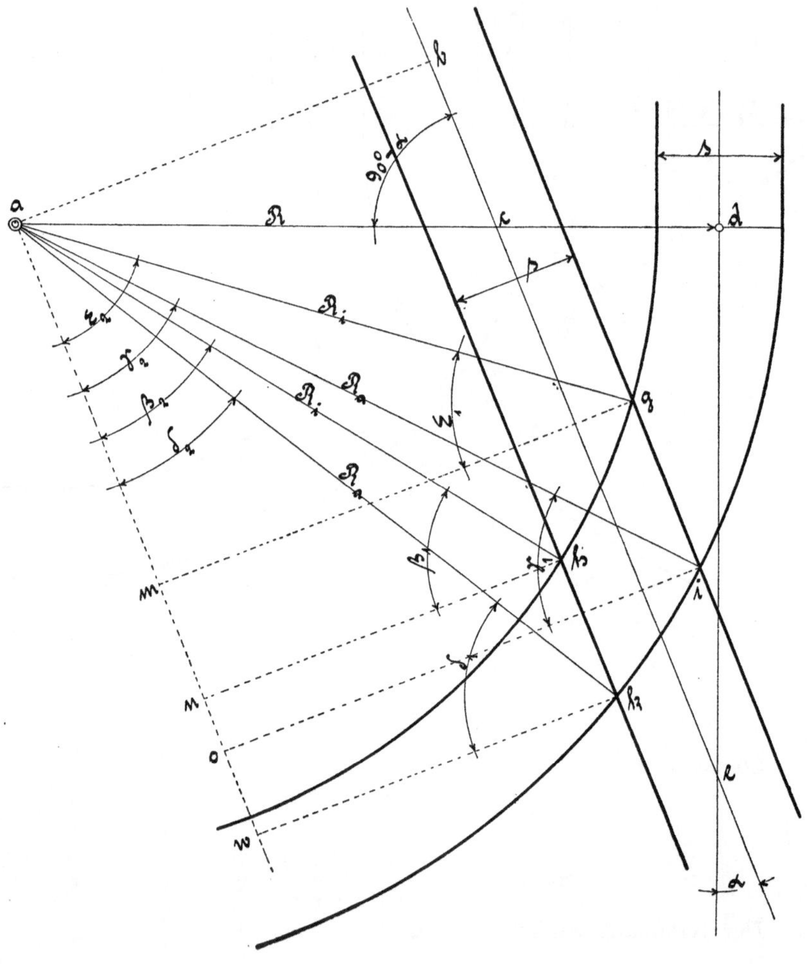

Fig. 26.

Winkel α und die Strecke d e. Letztere bildet die Tangente des gebogenen Gleises im Punkte d mit dem Radius R. R = a d muß also senkrecht auf e d stehen. Im rechtwinkligen Dreieck c d e ist

$$c\,d = \operatorname{tg}\alpha \cdot d\,e.$$

Verlängert man die Gerade c e über c hinaus und fällt von a aus eine Senkrechte auf dieselbe, so entsteht das rechtwinklige Dreieck a b c, in welchem der Winkel $90^0 - \alpha$ und die Seite

$$a\,c = R - c\,d$$

bekannt sind. Den Wert für c d hier eingesetzt, ergibt

$$a\,c = R - \operatorname{tg} \alpha \cdot d\,e.$$

Die Seite a b kann jetzt bestimmt werden, dieselbe ist

$$a\,b = \sin(90^0 - \alpha) \cdot a\,c.$$

Setzt man den vorher erhaltenen Wert für a c hier ein, dann wird

$$a\,b = \sin(90^0 - \alpha) \cdot (R - \operatorname{tg} \alpha \cdot d\,e).$$

Man ziehe sodann die Parallele a w zu b e und errichte in den Punkten g, h, i und k Senkrechte auf dieselbe, wodurch die rechtwinkligen Dreiecke a g m, a h n, a i o und a k w entstehen.

$$g\,m = i\,o = a\,b + \frac{s}{2},$$

$$h\,n = k\,w = a\,b - \frac{s}{2}.$$

Nach diesen Ausrechnungen kann man die Kreuzungswinkel β_1, γ_1, δ_i und ε_1 sowie die Winkel β_2, γ_2, δ_2 und ε_2 und die übrigen Katheten von a bis w zu den Dreiecken bestimmen.

Es ist z. B.:

$$\cos \beta_1 = \frac{h\,n}{a\,h}.$$

Die Werte für $h\,n = a\,b - \dfrac{s}{2}$ und $a\,h = R_i$ eingesetzt, so ist

$$\cos \beta_1 = \frac{a\,b - \dfrac{s}{2}}{R_i} = \frac{2\,a\,b - s}{2\,R_i},$$

$$\beta_2 = 90^0 - \beta_1.$$

In diesem Dreieck ist

$$a\,n = \sin \beta_1 \cdot R_i.$$

Im Dreieck a k w ist

$$a\,w = \sin \delta_1 \cdot R_a.$$

Die Zwischengerade h k ist gleich

$$h\,k = a\,w - a\,n,$$
$$h\,k = \sin \delta_1 \cdot R_a - \sin \beta_1 \cdot R_i.$$

Die andere Zwischengerade bestimmt sich auf dieselbe Weise, die übrigen Zwischenbögen nach früheren Angaben.

5. Kreuzung zweier gebogener Gleise,
zu welcher der Kreuzungswinkel der beiden Gleisachsen bekannt ist. (Fig. 27.)

Gegeben sind folgende Größen: Die mittleren Radien R_1 und R_2, die Spurweite s, also auch die inneren und äußeren Radien R_a, R_i, R_a', R_i' und der Kreuzungswinkel der beiden Gleisachsen.

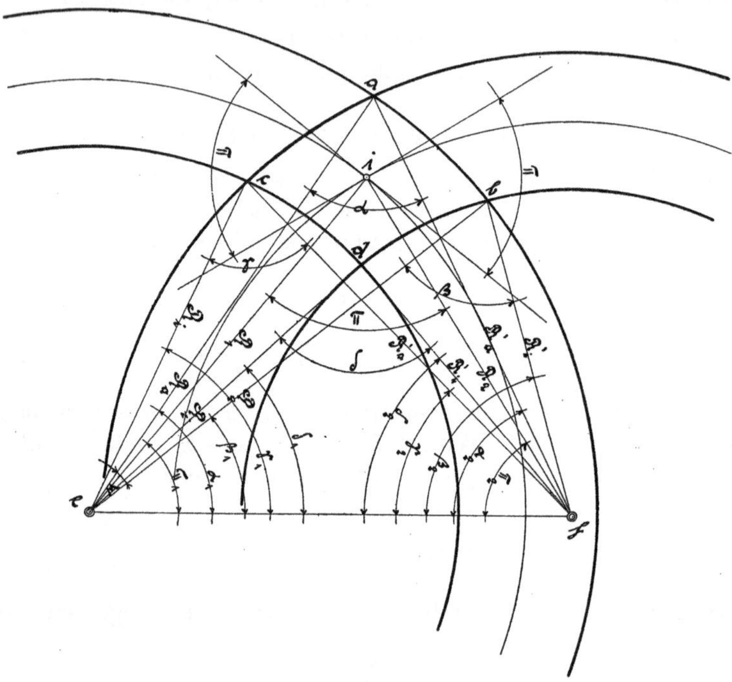

Fig. 27.

Verbindet man den Punkt e mit f, so entsteht das Dreieck i e f mit den bekannten Größen R_1, R_2 und dem Winkel π. Die Seite e f findet sich dann zu

$$e f = \sqrt{R_1{}^2 + R_2{}^2 - 2\,R_1\,R_2\,.\cos \pi}\,.$$

Es sind nun der Reihe nach für die einzelnen Kreuzungspunkte a, b, c und d die Winkel α, β, γ und δ zu bestimmen. Zu diesem Zwecke bilde man wieder die Dreiecke a e f, b e f, c e f und d e f, in welchen alle Seiten bekannt sind. Auch lassen sich dann die Winkel α_1, β_1, γ_1 und δ_1 sowie die Winkel α_2, β_2, γ_2 und δ_2 festlegen. Dieselben sind notwendig zur Berechnung der Zwischenbögen.

Der Kreuzungswinkel bei a im Dreieck a e f ist

$$\cos \alpha \;=\; \frac{R_a{}^2 + R_a{}'^2 - e\,f^2}{2\,R_a\,R_a{}'}\,,$$

Die oben erhaltenen Größen für $e\,f^2$ hier eingesetzt, ergibt:

$$\cos \alpha \;=\; \frac{R_a{}^2 + R_a{}'^2 - R_1{}^2 - R_2{}^2 + 2\,R_1\,R_2 \cdot \cos \pi}{2\,R_a\,R_a{}'}$$

$$\cos \beta \;=\; \frac{R_a{}^2 + R_i{}'^2 - R_1{}^2 - R_2{}^2 + 2\,R_1\,R_2 \cdot \cos \pi}{2\,R_a\,R_i{}'^2}$$

$$\sin \alpha_1 \;=\; \frac{R_a{}' \cdot \sin \alpha}{e\,f}\,, \qquad \sin \beta_1 \;=\; \frac{R_i{}' \cdot \sin \beta}{e\,f}\,,$$

$$\alpha_2 \;=\; 180^0 - (\alpha + \alpha_1), \qquad \beta_2 \;=\; 180^0 - (\beta + \beta_1).$$

Der Zwischenbogen

$$a\,b = \operatorname{arc}(\alpha_1 - \beta_1) \cdot R_a \;=\; \operatorname{arc} \varepsilon \cdot R_a.$$

Die noch fehlenden Winkel und Zwischenbögen lassen sich alle mit Hilfe dieser Formeln ermitteln, nur mit dem Unterschiede, daß die entsprechenden Radien für jeden Fall besonders eingesetzt werden müssen.

V. Kreuzungsweichen.

1. Einfache Kreuzungsweiche mit gegebenem Zwischenradius. (Fig. 28.)

Es sei angenommen, daß unter Verwendung normaler Zungenvorrichtungen der mittlere Radius r gegeben ist. Der Kreuzungswinkel β muß für alle Fälle örtlich aufgemessen werden.

Bekannt sind folgende Größen: der Radius R und die Tangenten a b, b c, i k und k m der Zungenvorrichtungen, der Weichenwinkel α, der Kreuzungswinkel β und der Zwischenradius r.

Aus der Fig. 28 geht hervor, daß

$$\text{Winkel } \gamma = \beta - 2\,\alpha \text{ ist.}$$

Die Tangenten des Zwischenbogens zum Radius r lassen sich bestimmen zu

$$c\,e = e\,i = \operatorname{tg} \frac{\gamma}{2} \cdot r.$$

Die beiden Dreiecke b d e und e h k sind kongruent, weil sie in einer Seite und den beiden anliegenden Winkeln übereinstimmen, nämlich

$$b\,e = e\,k.$$

Die beiden anderen Seiten des Dreiecks können hiernach ermittelt werden, denn es ist

$$b\,d = h\,k = \frac{\sin\gamma\,.\,b\,e}{\sin(\alpha+\gamma)} = \frac{\sin\gamma\,.\,e\,k}{\sin(\alpha+\gamma)}\,.$$

$$d\,e = e\,h = \frac{\sin\alpha\,.\,b\,e}{\sin(\alpha+\gamma)} = \frac{\sin\alpha\,.\,e\,k}{\sin(\alpha+\gamma)}\,.$$

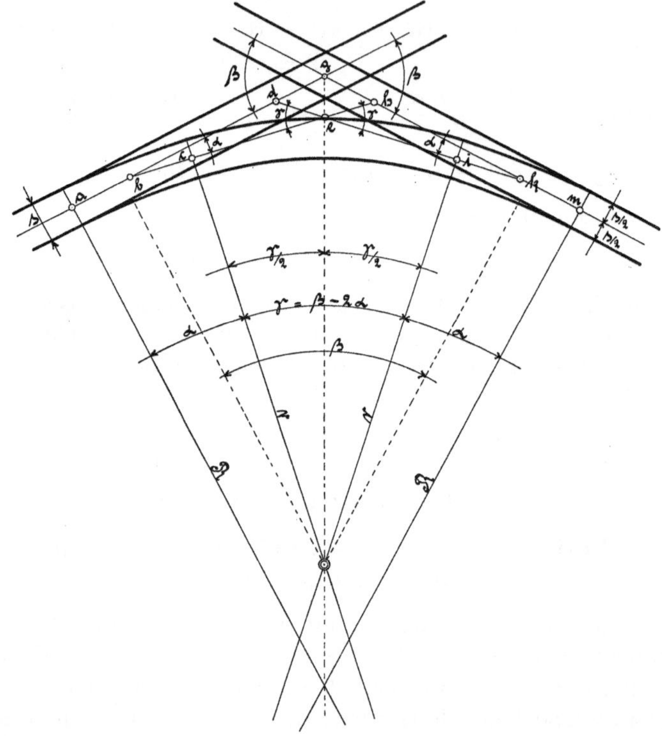

Fig. 28.

Addiert man die beiden jetzt bekannten Größen b e und e h oder auch e k und d e, so sind die Dreiecke b g h und d g k zu berechnen. Es ist

$$b\,h = b\,e + e\,h,$$
$$d\,k = e\,k + d\,e,$$
$$b\,h = d\,k.$$

Die Winkel des Dreieckes sind bekannt, es sind daher die Seiten

$$b\,g = g\,h = \frac{\sin(\beta-\alpha)\,.\,b\,h}{\sin\beta} = \frac{\sin(\beta-\alpha)\,.\,d\,k}{\sin\beta},$$

$$g\,h = d\,g = \frac{\sin\alpha\,.\,b\,h}{\sin\beta} = \frac{\sin\alpha\,.\,d\,k}{\sin\beta}\,.$$

Die ganze Länge von Anfang der Zungenvorrichtung bis zum Kreuzungspunkt g ist

$$a\,g = g\,m = a\,b + b\,g = g\,k + k\,m.$$

Alle übrigen Maße können nach den früheren Abschnitten ermittelt werden. So bestimme man z. B. die beiden Weichen nach Abschnitt II, 1. Da die Kreuzung einfach und gerade ist, so kann die Berechnung auch hierfür leicht durchgeführt werden. Man hat hierbei nur immer mit rechtwinkligen Dreiecken zu rechnen, bei welchen die eine Kathete gleich s oder $\dfrac{s}{2}$ und der Winkel β bekannt sind.

2. Einfache Kreuzungsweiche, zu der die Länge von Anfang der Zungenvorrichtungen bis zum Kreuzungspunkt gegeben ist. (Fig. 28.)

Bei dieser Annahme geht die Berechnung gerade umgekehrt vor sich. Die Entfernung a g = g m (Fig. 28), also das Maß von Zungenspitze bis Kreuzungspunkt, soll hier vor der Rechnung festgelegt werden, wogegen sich dasselbe im vorigen Abschnitt erst zuletzt durch die Rechnung ergab. Der Kreuzungswinkel β muß jedoch auch für diesen Fall örtlich bestimmt werden.

Es sind also, mit Ausnahme des Zwischenradius r, alle Größen, wie im vorigen Abschnitt angegeben, und die Längen a g = g m bekannt.

Die Tangenten a b und k m kennt man, deshalb sind auch die Seiten b g und g k der Dreiecke b g h und d g k gegeben.

$$b\,g = a\,g - a\,b, \qquad g\,k = g\,m - k\,m,$$
$$b\,g = g\,k.$$

Es können daher die übrigen Seiten hierzu bestimmt werden, da die Winkel bekannt sind. Es betragen die Seiten

$$b\,h = d\,k = \frac{\sin\beta \cdot b\,g}{\sin(\beta - \alpha)} = \frac{\sin\beta \cdot g\,k}{\sin(\beta - \alpha)},$$
$$g\,h = d\,g = \frac{\sin\alpha \cdot b\,g}{\sin(\beta - \alpha)} = \frac{\sin\alpha \cdot g\,k}{\sin(\beta - \alpha)}.$$

Subtrahiert man jetzt die gefundenen Größen d g von b g und g h von g k, so ist:

$$b\,d = b\,g - d\,g,$$
$$h\,k = g\,k - g\,h,$$
$$b\,d = h\,k,$$

und diese Größen sind Seiten der Dreiecke b d e und e h k, in welchen die Winkel ebenfalls bekannt sind; denn

$$\text{Winkel } \gamma = \beta - 2\,\alpha$$

Der Außenwinkel dieser Dreiecke bei d und h ist $\alpha + \gamma$. Es kann also berechnet werden

$$b\,e = e\,k = \frac{\sin(\alpha + \gamma)\cdot b\,d}{\sin\gamma} = \frac{\sin(\alpha + \gamma)\cdot h\,k}{\sin\gamma},$$

$$d\,e = e\,h = \frac{\sin\alpha\cdot b\,d}{\sin\gamma} = \frac{\sin\alpha\cdot h\,k}{\sin\gamma}.$$

Die Größen c e und e i bilden die Tangenten des mittleren Bogens zum Radius r. Dieselben können wieder durch Subtraktion gefunden werden, und zwar betragen dieselben:

$$c\,e = e\,i = b\,e - b\,c = e\,k - i\,k;$$

b c und i k sind Tangenten der Zungenvorrichtungen und sind infolgedessen bekannt.

Der Tangentenwinkel zum Radius r ist γ, derselbe ist schon oben bestimmt worden. Es ist nun

$$r = \frac{c\,e}{\operatorname{tg}\dfrac{\gamma}{2}} = \frac{e\,i}{\operatorname{tg}\dfrac{\gamma}{2}}.$$

Die anderen Abmessungen der Weichen und der Kreuzung können wieder, wie im vorigen Abschnitt gesagt, gefunden werden.

VI. Gleisdreiecke.

1. Einfaches Gleisdreieck mit zwei Fahrtrichtungen.
(Fig. 29.)

Die Berechnung der Gleisdreiecke kommt in der Praxis so häufig vor, daß man es hier nicht umgehen darf, dieselbe eingehend zu behandeln. Die Berechnung der zugehörigen Weichen selbst wurde schon im Abschnitt II gezeigt, deshalb erübrigt sich eine nochmalige Wiederholung derselben an dieser Stelle. Wenn man nicht mit außergewöhnlichen Fällen zu rechnen hat, so verwendet man für solche Anlagen gewöhnliche Zungenvorrichtungen mit dem üblichen Radius, wozu dann auch der Weichenwinkel und die Länge der Zungenvorrichtung bekannt sind.

Für die Berechnung einfacher Gleisdreiecke (Fig. 29) genügt bei der geometrischen Aufmessung an der Verwendungsstelle die Bestimmung des Kreuzungswinkels φ, vorausgesetzt, daß die Weichenspitzen b, m und x nicht schon festgelegt sind. Die Wahl des Radius r_2 hängt meistens von dem stadtpolizeilich festgesetzten Maß Z, d. i. kleinster zulässiger Abstand von Mitte Gleis bis Bortsteinkante des Bürgersteiges ab. Man wähle also den Radius r_2 so groß als möglich, sofern es der Platz der Straße erlaubt. Die Berechnung wickelt sich dann folgendermaßen ab.

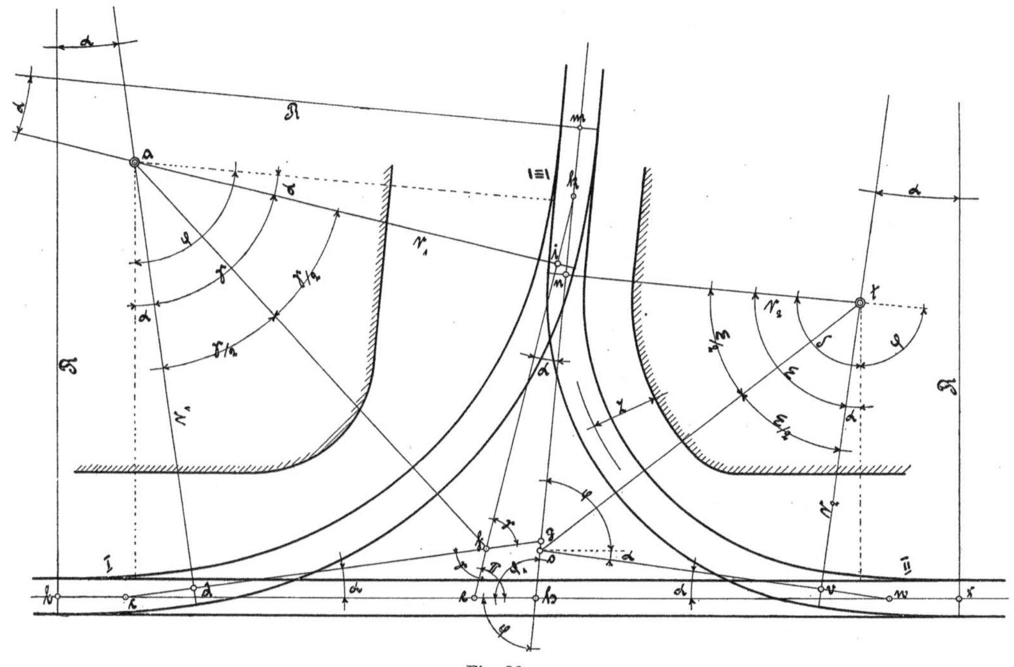

Fig. 29.

Es ist bekannt: der Weichenwinkel α für alle drei Weichen, die Längen, die Radien R und somit auch die Tangenten b c und c d, m k und k i, v w und w x der Zungenvorrichtungen; außerdem der Winkel φ und der Radius r_2.

Die Tangenten n o und o v des Radius r_2 mit dem zugehörigen Winkel $\dfrac{\varepsilon}{2}$ betragen

$$n\,o = o\,w = \operatorname{tg}\frac{\varepsilon}{2}\cdot r_2.$$

Hierin ist $\varepsilon = 180^0 - (\varphi + \alpha) = 180^0 - \varphi - \alpha$.

In dem Dreieck h o w ist die Seite o w = o v + v w sowie die Winkel α und φ bekannt, so daß sich die Seiten o h und h w ermitteln lassen.

$$o\,h = \frac{\sin \alpha \cdot o\,w}{\sin \varphi},$$

$$h\,w = \frac{\sin (180^0 - \alpha - \varphi)\,o\,w}{\sin \varphi}.$$

Die Entfernung $n\,h = n\,o + o\,h$.

Der Radius r_1, welcher sich der Zungenvorrichtung III unmittelbar anschließt, kann gewählt werden, jedoch so, daß der Bogenanfang i nicht in die Kurve des Radius r_2 fällt, da man sonst eine anormale Zungenvorrichtung erhalten würde. Dies muß durch die Rechnung oder durch vorherige provisorische Aufzeichnung festgestellt werden. Man kann andererseits aber auch die Entfernung k n bestimmen, wonach sich der Radius r_1 dann durch Rechnung ergibt. k n wird so angenommen, daß m n das Längenmaß der Zungenvorrichtung um ca. 1 m überschreitet oder wenigstens nicht kürzer ist als die Zungenvorrichtung.

Nimmt man nun k n an, so ist die Seite k h im Dreieck h i k bekannt, ebenfalls die Winkel α und φ_1. Für Dreieck c g h gilt dasselbe, es ist nämlich c h = h k, weil die beiden spitzen Winkel α einander gleich sind. Es ist dann:

$$e\,k = c\,g = \frac{\sin \varphi_1 \cdot h\,k}{\sin \pi} = \frac{\sin \varphi \cdot h\,k}{\sin \pi} = \frac{\sin \varphi \cdot c\,h}{\sin \pi},$$

$$e\,h = g\,h = \frac{\sin \alpha \cdot h\,k}{\sin \pi} = \frac{\sin \alpha \cdot c\,h}{\sin \pi};$$

die Winkel $\varphi_1 = 180^0 - \varphi$ und $\pi = \varphi - \alpha$.

Wird e h und g h von c h bzw. h k subtrahiert, so sind die beiden Seiten c e und g k sowie alle Winkel der Dreiecke c e f und f g k bekannt.

$$c\,e = c\,h - e\,h,$$
$$g\,k = h\,k - g\,k.$$

Es ist zu berechnen

$$c\,f = k\,f = \frac{\sin \pi \cdot c\,e}{\sin \gamma} = \frac{\sin \pi \cdot g\,k}{\sin \gamma},$$

$$e\,f = f\,g = \frac{\sin \alpha \cdot c\,e}{\sin \gamma} = \frac{\sin \alpha \cdot g\,k}{\sin \gamma}.$$

Die Größen c d und i k sind als Tangenten der Zungenvorrichtungen bekannt. Die Tangenten des Bogens zum Radius r_1 müssen demnach sein

$$d\,f = f\,i = c\,f - c\,d = f\,k - i\,k.$$

Die Tangenten lassen sich auch finden, wenn man subtrahiert

$$d\,f = f\,i = c\,g - (c\,d - f\,g) = e\,k - (i\,k + e\,f).$$

Beide Werte müssen miteinander übereinstimmen. Der Radius r_1 ist nun

$$r_1 = \frac{f\,i}{\operatorname{tg}\frac{\gamma}{2}} = \frac{d\,f}{\operatorname{tg}\frac{\gamma}{2}}\,.$$

Die Bögen können leicht gefunden werden, da alle Radien und Zentriwinkel bekannt sind. Weiche I und II sind nach Abschnitt II, 1, Weiche III nach Abschnitt II, 5 zu berechnen.

2. Einfaches Gleisdreieck mit drei Fahrtrichtungen. (Fig. 30.)

Es empfiehlt sich, vor der Berechnung die äußeren Umrisse des Bürgersteiges zeichnerisch aufzutragen, damit man die Kurven des Gleisdreiecks den Bortsteinkanten möglichst gut anpassen kann und der Gefahr entgeht, daß der zulässige Abstand von Mitte Gleis bis Bürgersteig überschritten wird. Bei der örtlichen Aufmessung solcher Gleisdreiecke müssen die Winkel β und β_1 (Fig. 30) bestimmt werden, ebenso das Maß i m.

Für die Berechnung ist dann gegeben: Weichenwinkel α für alle drei Weichen, die Längen, die Radien R und somit auch die Tangenten a b und b c, o p und p t, v w und w x der Zungenvorrichtungen, endlich noch der Radius r und die Winkel β und β_1 sowie das Maß i m.

Es soll zunächst die Kurve von Weiche II nach Weiche III bestimmt werden, hieran anschließend von Weiche III nach Weiche I und dann von Weiche I nach Weiche II.

Der Tangentenwinkel γ bei k ist

$$\gamma = \beta - \alpha$$

Die Tangenten

$$k\,o = k\,y = \operatorname{tg}\frac{\gamma}{2}\cdot r.$$

In dem Dreieck k m p ist die Seite $k\,p = k\,o + o\,p$ und alle drei Winkel bekannt, woraus folgt

$$k\,m = \frac{\sin\alpha\cdot k\,p}{\sin\beta}\,,$$

$$m\,p = \frac{\sin\gamma\cdot k\,p}{\sin\beta}\,.$$

Die Entfernung v y soll auch hier um ca. 1 m größer als die Länge der Zungenvorrichtung angenommen werden; also ist w y bekannt; und man kennt dann auch die Seite m w des Dreiecks g m w und die drei Winkel desselben.

$$m\,w = k\,m + k\,y + w\,y,$$

$$g\,m = \frac{\sin\alpha\,.\,m\,w}{\sin(180^0 - \alpha - \beta)}\,,$$

$$g\,w = \frac{\sin\beta\,.\,m\,w}{\sin(180^0 - \alpha - \beta)}\,.$$

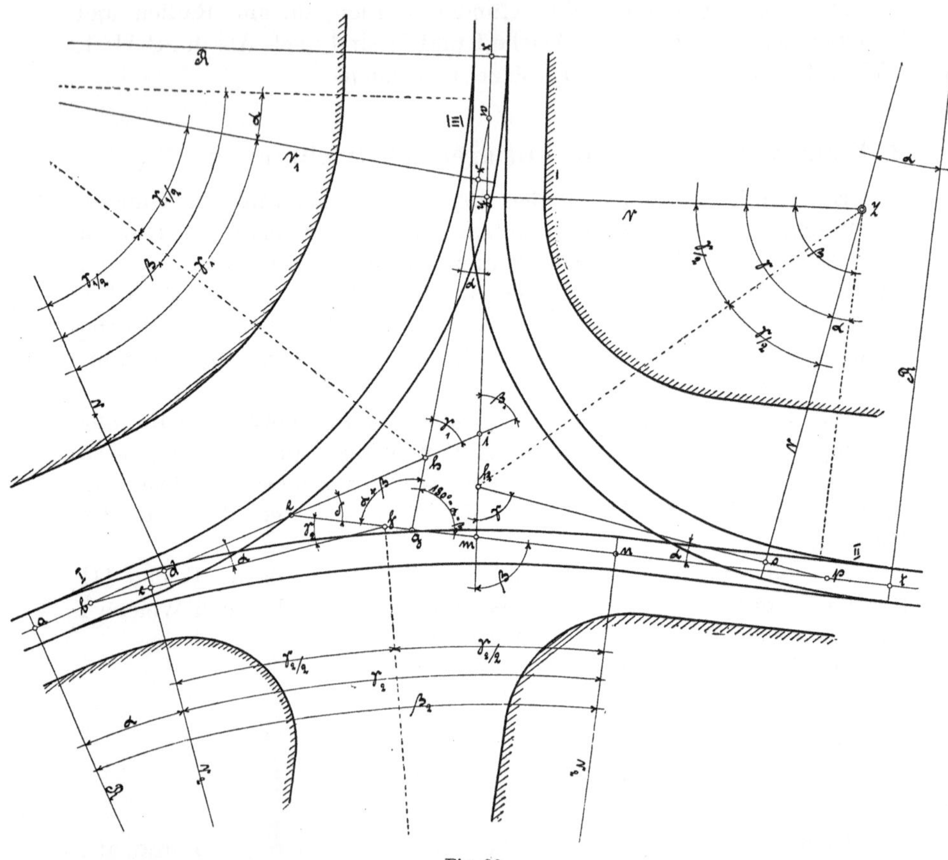

Fig. 30.

Im Dreieck h i w ist ebenfalls die Seite i w und die Winkel bekannt:

$$i\,w = m\,w - i\,m$$
$$\gamma_1 = \beta_1 - \alpha.$$

Es ist daher

$$h\,i = \frac{\sin\alpha\,.\,i\,w}{\sin\gamma_1}\,,$$

$$h\,w = \frac{\sin\beta_1\,.\,i\,w}{\sin\gamma_1}\,.$$

Die Tangenten zum Radius r_1 sind somit gefunden, sie betragen

$$h\,x = d\,h = h\,w - w\,x.$$

Der Radius

$$r_1 = \frac{h\,x}{\operatorname{tg}\dfrac{\gamma_1}{2}} = \frac{d\,h}{\operatorname{tg}\dfrac{\gamma_1}{2}}.$$

Betrachtet man nun das Dreieck $e\,g\,h$ und die Entfernung $g\,w$ näher, so sieht man, daß alle Winkel des Dreieckes und die Seite $g\,h$ sich mit Hilfe der oben gefundenen Größen bestimmen lassen.

Es ist nämlich

$$g\,h = g\,w - h\,w,$$
$$\text{Winkel } \delta = 180^0 - (\alpha + \beta + \gamma_1).$$

Die Seiten

$$e\,h = \frac{\sin(\alpha + \beta)\cdot g\,h}{\sin\delta},$$

$$e\,g = \frac{\sin\gamma_1\cdot g\,h}{\sin\delta}.$$

Das Maß $a\,d$ sei wieder um 1 m größer angenommen als die Länge der Zungenvorrichtung, $b\,d$ ist also bekannt. Im Dreieck $b\,e\,f$ kann die Seite $b\,e$ gefunden werden.

$$b\,e = d\,h + b\,d - e\,h,$$
$$\text{Winkel } \gamma_2 = \delta - \alpha.$$

Da die Winkel bekannt sind, so ist

$$e\,f = \frac{\sin\alpha\cdot b\,e}{\sin\gamma_2},$$

$$b\,f = \frac{\sin\delta\cdot b\,e}{\sin\gamma_2}.$$

Die Tangenten des Bogens für den Radius r_2 sind jetzt

$$c\,f = f\,n = b\,f - b\,c$$

Der Radius

$$r_2 = \frac{c\,f}{\operatorname{tg}\dfrac{\gamma_2}{2}} = \frac{f\,n}{\operatorname{tg}\dfrac{\gamma_2}{2}},$$

$$f\,g = e\,g - e\,f.$$

Die Gerade

$$n\,p = m\,p + g\,m + f\,g - f\,n$$

Die Hauptabmessungen sind bis auf die Ermittelung der Bogenlängen durch diese Rechnung bestimmt worden. Weiche I und III sind nach Abschnitt II, 5, Weiche II nach Abschnitt II, 1 zu berechnen.

3. Einfaches Gleisdreieck mit drei Fahrtrichtungen.
(Fig. 31.)

Durch die geometrische Aufmessung an Ort und Stelle sind die Winkel β und γ und das Maß h q festzustellen. Für alle Weichen sollen gleiche normale Zungenvorrichtungen verwendet werden. Es ist für die Berechnung also gegeben:

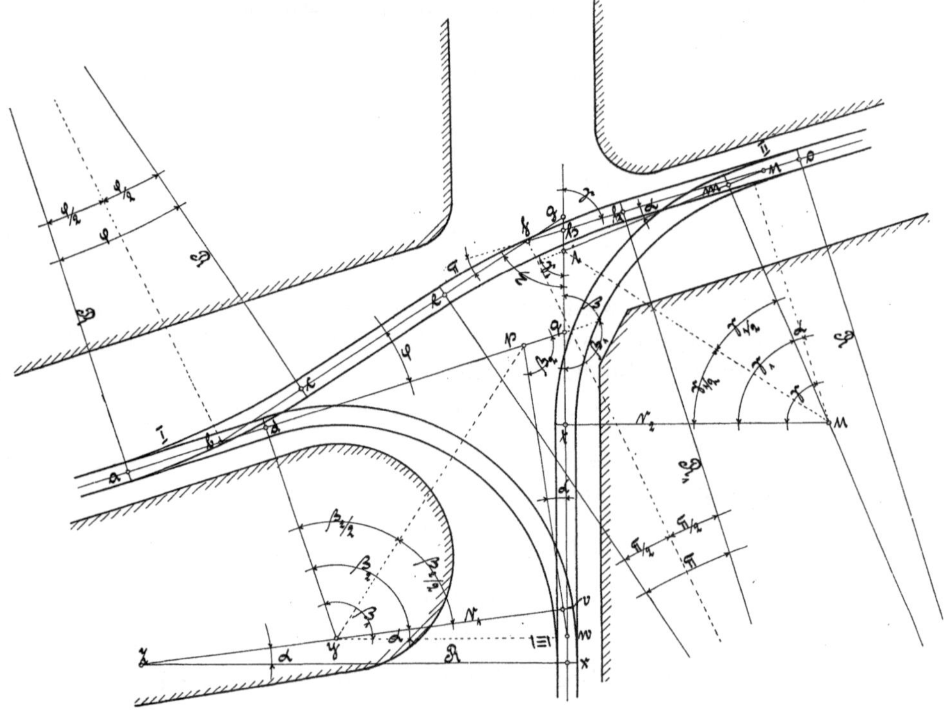

Fig. 31.

Die Weichenwinkel α, die Längen und die Radien R der Zungenvorrichtungen, also auch die Tangenten m n und n o sowie v w und w x. Der Radius r_1 ist zu wählen, und zwar so groß, daß der Bogen hierzu nicht zu nahe an den Bürgersteig herankommt. Ferner sind Winkel β und γ gegeben.

Die Tangenten d p und p v sind zuerst zu bestimmen, sie betragen

$$d\,p = p\,v = \operatorname{tg}\frac{\beta_2}{2} \cdot r_1,$$

worin $\quad\quad\quad\quad \beta_2 = 180^0 - \beta - \alpha \quad$ ist.

Nachdem nun die Seite $pw = pv + vw$ im Dreieck pqw bekannt ist, so findet sich

$$q w = \frac{\sin \beta_2 \cdot p w}{\sin \beta},$$

$$p q = \frac{\sin \alpha \cdot p w}{\sin \beta},$$

$$d q = d p + p q,$$

$$t x = h q + q w + w x - (h i + i t).$$

Die Tangenten zu dem Bogen mit dem Radius r_2 sind

$$i m = i t = \operatorname{tg} \frac{\gamma_1}{2} \cdot r_2.$$

Hierin ist

$$\gamma_1 = \gamma - \alpha.$$

Der Radius r_2 ist anzunehmen, weil derselbe nur allein von den Bortsteinen des Bürgersteiges abhängig ist. r_2 ist also bekannt. Die Seite $i n = i m + m n$ und die Winkel des Dreiecks $h i n$ sind schon bestimmt; infolgedessen ist

$$h i = \frac{\sin \alpha \cdot i n}{\sin \gamma},$$

$$h n = \frac{\sin \gamma_1 \cdot i n}{\sin \gamma}.$$

Für die weitere Berechnung des Verbindungsgleises von Weiche II nach Weiche I ist es notwendig, das Maß bd und den Winkel φ oder ε anzunehmen. Es sei bemerkt, daß der Winkel φ möglichst flach zu wählen ist, um stark gekrümmte Kurven zu vermeiden. Die Annahme hängt aber fast ausschließlich von den jeweiligen Straßenverhältnissen ab. Nachdem Winkel φ und die Entfernung bd angenommen wurde, lassen sich die Seiten im Dreieck bgq bestimmen. Es ist:

$$b q = b d + d q,$$

$$b g = \frac{\sin \beta \cdot b q}{\sin \varepsilon},$$

$$g q = \frac{\sin \varphi \cdot b q}{\sin \varepsilon},$$

Winkel $\varepsilon = \beta - \varphi$.

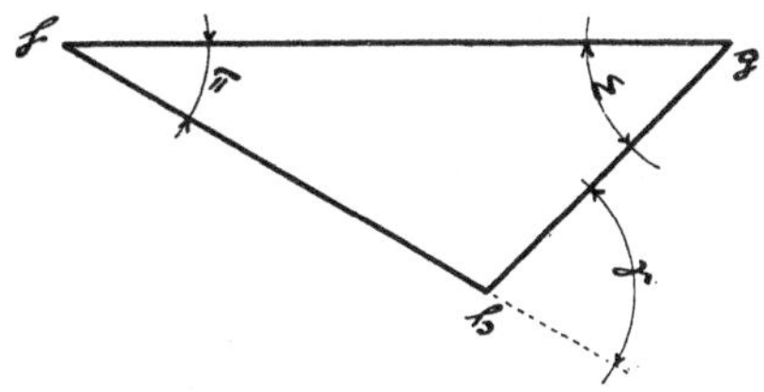

Im Dreieck fgh (Fig. 31 und 32) ist der Winkel

Fig. 32.

$$\pi = \gamma - \varepsilon,$$

also sind die drei Winkel bekannt. Die Seite gh ist ebenfalls bestimmt, durch

$$g\,h = g\,q - h\,q,$$

$$f\,g = \frac{\sin \gamma \cdot g\,h}{\sin \pi},$$

$$f\,h = \frac{\sin \varepsilon \cdot g\,h}{\sin \pi}.$$

Winkel π ist der Tangentenwinkel zu dem Bogen mit dem Radius R_1. Letzterer muß wieder angenommen werden. Man wählt denselben vorteilhaft so groß wie möglich, doch soll man ihn so bemessen, daß die Kurve nicht in das Herzstück zur Weiche II fällt.

Die Tangenten hierzu sind dann

$$e\,f = f\,k = \operatorname{tg} \frac{\pi}{2} \cdot R_1.$$

Die Gerade

$$k\,o = h\,n + n\,o + f\,h - f\,k.$$

Werden die Weichen ohne Überschneidung der Zungen ausgeführt, so sind die beiden Tangenten der Weiche I mit dem normalen Radius R

$$a\,b = b\,c = \operatorname{tg} \frac{\varphi}{2} \cdot R.$$

Sollen dagegen die Weichen mit Überschneidung der Zungen berechnet werden, so wird a b nicht gleich b c. Man beachte hierfür das im Abschnitt II, 2 Gesagte. Für Winkel α muß dann in diesem Falle Winkel φ gesetzt werden.

Die Zwischengerade c e würde sein

$$c\,e = b\,g - (b\,c + e\,f + f\,g).$$

Die Gerade

$$a\,d = a\,b + b\,d.$$

Bis auf die Bestimmung der Bögen und der Weichen selbst ist die Berechnung hiermit abgeschlossen.

VII. Doppelte Gleisabzweigungen.

Straßenbahnen, bei denen ein regelmäßiger lebhafter Stadtverkehr herrscht, sind zu heutiger Zeit fast alle doppelgleisig ausgebaut. Alte frühere eingleisige Strecken, soweit dieselben für den inneren Verkehr der Stadt in Betracht kamen, mußten infolge der häufigen Verspätungen und Verkehrsstörungen ein zweites Gleis erhalten.

Daher erstrecken sich die meisten Gleis- und Weichenberechnungen wohl vornehmlich auf doppelgleisige Anlagen. Ein

großer Unterschied zwischen ein- und zweigleisigen Bahnen in bezug
auf die Gleisberechnung besteht nicht, weil die zweigleisigen Anlagen
aus einfachen zusammengesetzt sind. Die vorkommenden Berechnungen der Weichen und Kreuzungen hierfür sind schon in den
früheren Abschnitten behandelt worden. Es besteht darum jetzt
nur noch die Aufgabe, die Zusammensetzung derselben zu berechnen.

1. Gewöhnliche doppelgleisige Abzweigung. (Fig. 33.)

Bei allen bisher berechneten Weichen wurden stets Zungenvorrichtungen mit normalen Radien und normalen Längen verwendet.
Auch für doppelgleisige Abzweigungen, also für das Innen- und

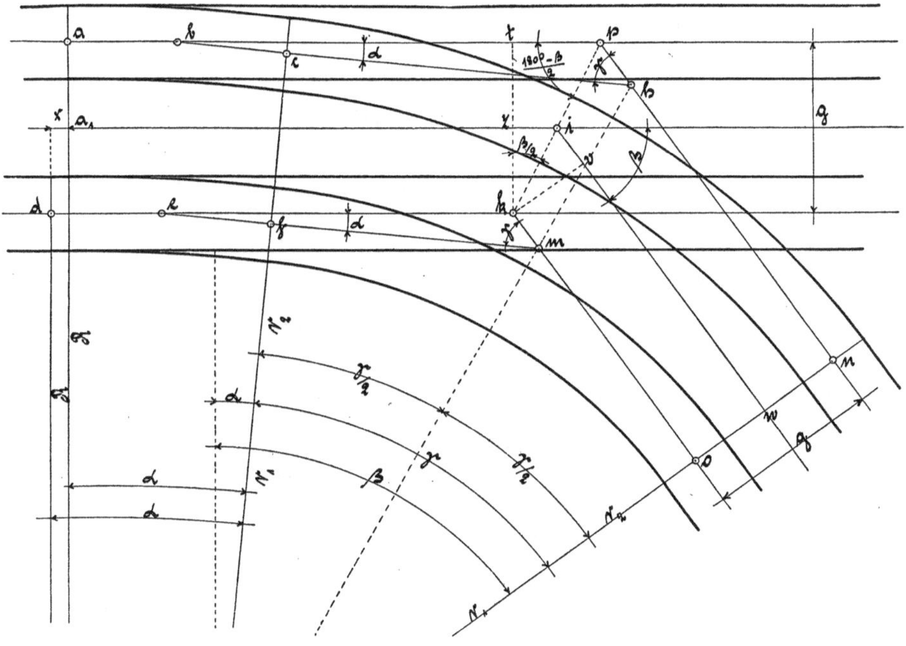

Fig. 33.

Außengleis, weicht man von diesen Normalien selten ab, es sei
denn, daß ein besonderer Fall vorliegt. Wenn die anschließenden
Bögen im Scheitelpunkt keine Gleiserweiterung erhalten sollen, so
läßt man ihre Mittelpunkte zusammenfallen, ihre Radien r_1 und r_2
werden dann ungleich. Letztere fallen dann ebenfalls in den
Tangentenpunkten c und f bzw. n und o zusammen, sie decken
sich also. Da die Zungenbögen der Radien R bei c und f tangential
in die anschließenden Bögen der Radien r_1 und r_2 übergehen sollen,

und so die Radien R mit r_1 bzw. r_2 zusammenfallen, so kann dies an den Zungenspitzen a und d erklärlicherweise nicht zutreffen. Die Weichenspitze des inneren Gleises muß um ein entsprechendes Maß vorstehen. Dies Maß nennt man auch Voreilung und kann durch die Rechnung bestimmt werden. Der innere Radius r_1 wird angenommen, und hierdurch ergibt sich der äußere Radius r_2 bei Bekanntsein des Gleisabstandes g von selbst.

Gegeben ist: Die Winkel α und β, die Tangenten a b, b c, d e und e f, der Radius R und die Radien r_1 und r_2 sowie der Gleisabstand g.

Der Tangentenwinkel zu den beiden anschließenden Kurven ist:

$$\gamma = \beta - \alpha.$$

Die Tangenten

$$c\,h = h\,n = \operatorname{tg}\frac{\gamma}{2} \cdot r_2.$$

$$f\,m = m\,o = \operatorname{tg}\frac{\gamma}{2} \cdot r_1.$$

Die Seiten b h des Dreiecks b h p und e m des Dreiecks e k m betragen

$$b\,h = b\,c + c\,h,$$
$$e\,m = e\,f + f\,m.$$

In den Dreiecken sind jetzt die Winkel und eine Seite bekannt, die anderen Seiten werden berechnet und sind:

$$b\,p = \frac{\sin\gamma \cdot b\,h}{\sin\beta}, \quad p\,h = \frac{\sin\alpha \cdot b\,h}{\sin\beta},$$

$$e\,k = \frac{\sin\gamma \cdot e\,m}{\sin\beta}, \quad k\,m = \frac{\sin\alpha \cdot e\,m}{\sin\beta}.$$

Es soll nun in dem rechtwinkligen Dreieck die Größe t p berechnet werden, um dann das Maß x an den Zungenspitzen bestimmen zu können.

$$p\,t = \frac{k\,t}{\operatorname{tg}\dfrac{180 - \beta}{2}}; \text{ oder } p\,t = \operatorname{tg}\frac{\beta}{2} \cdot k\,t; \quad k\,t = g,$$

$$a\,p = a\,b + b\,p, \qquad d\,k = d\,e + e\,k,$$
$$x = d\,k - (a\,p - t\,p) = d\,k - a\,p + t\,p,$$

die mittlere Achse

$$x + a_1\,i = d\,k + z\,i = d\,k + k\,z \cdot \operatorname{tg}\frac{\beta}{2},$$

$$k\,z = i\,v = \frac{g}{2},$$

die mittlere Achse

$$i\,w = k\,m + m\,o + i\,v.$$

Es sind jetzt noch die beiden Weichen nach Abschnitt II, 1 und die Kreuzung nach Abschnitt IV, 1 zu berechnen.

2. Doppelgleisige Abzweigung mit normaler geradliniger Kreuzung und normalen Herzstücken. (Fig. 34.)

Manche Straßenbahnverwaltungen wählen mit Vorliebe solche Abzweigungen. Dieselben haben den Hauptzweck, daß man hierbei normale Weichen verwenden kann, welche sich bei notwendig werdenden Reparaturen leicht auswechseln lassen. Das Verlegen solcher Anlagen kann aber nur dann geschehen, wenn die Straßenverhältnisse günstig sind, d. h. wenn genügend Platz vorhanden ist; denn bei einem sehr flachen Neigungswinkel erfordert die Abzweigung auch eine entsprechende größere Baulänge als gewöhnliche Abzweigungen. Die Radien der anschließenden Bögen sollen einander gleich sein. Man will hierdurch einen größeren Gleisabstand im Scheitelpunkt erreichen, damit jede Gefahr für ein Zusammenstoßen der Wagen infolge des großen Ausschlags in starken Kurven ausgeschlossen ist. Keineswegs ist man aber daran gebunden, die Radien solcher zweier Kurven gleich groß zu machen. Im allgemeinen wird der Radius des inneren Bogens bestimmt und dann der Radius des äußeren Bogens so gewählt, daß man den gewünschten Gleisabstand im Scheitelpunkt der Bögen erhält. Es sind Methoden bekannt, nach welchen man den Radius des inneren Bogens, den normalen und den gewünschten Gleisabstand im Scheitelpunkt annimmt und hiernach den Radius des äußeren Bogens berechnet. Dies soll hier nicht erst gezeigt werden, weil man nach der zuerst vorgeschlagenen Rechnung ebenso schnell zum Ziel kommt und hierbei stets runde Maße für die Radien erhält.

Es muß für die Berechnung gegeben sein: die örtliche Aufmessung des Winkels β, die Bestimmung des Weichenwinkels α, die Tangenten a b, b c, d e und e f, der Zungenradius R und die Radien r der anschließenden Bögen, die Spurweite s und der Gleisabstand g, ebenso die Länge c k (Fig. 34).

Wenn γ der Tangentenwinkel zu den Kurven mit den Radien r ist, so werden ihre Tangenten sein

$$k\,n = n\,p = \operatorname{tg}\frac{\gamma}{2}\cdot r,$$

$$m\,o = o\,q = \operatorname{tg}\frac{\gamma}{2}\cdot r,$$

$$b\,n = b\,c + c\,k + k\,n.$$

Betrachtet man diese Gerade als Seite des Dreiecks b g n, so lassen sich die übrigen Seiten desselben berechnen, da auch alle Winkel bekannt sind. Es ist daher

$$b\,g = \frac{\sin \gamma \cdot b\,n}{\sin \beta},$$

$$g\,n = \frac{\sin \alpha \cdot b\,n}{\sin \beta}.$$

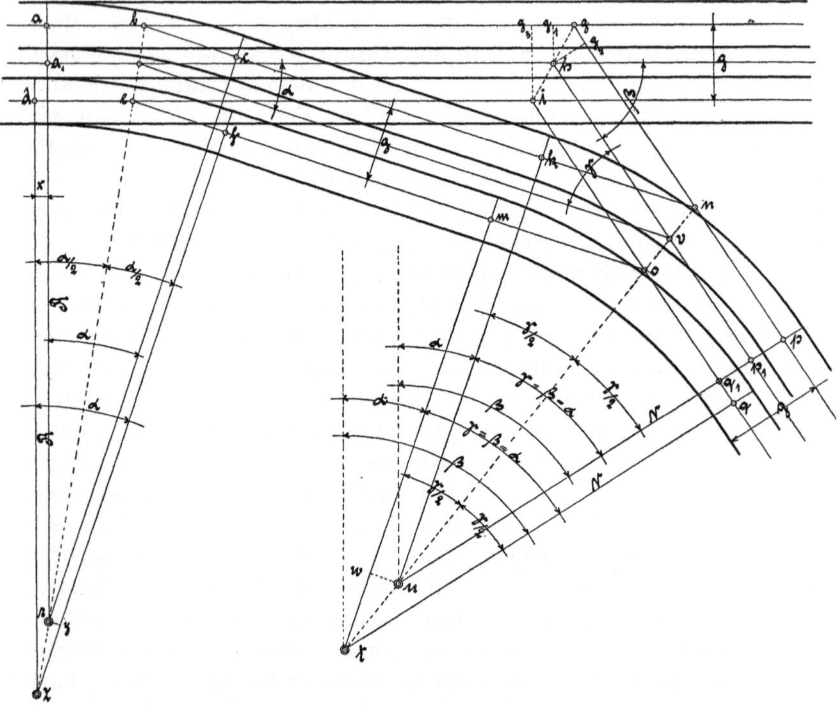

Fig. 34.

Gerade so soll auch das Dreieck e i o des Innen-Gleises berechnet werden. Vorläufig ist aber noch keine Seite desselben bekannt; daher muß man erst dazu übergehen eine Seite zu bestimmen. In dem Dreieck r y z ist y z = g; daher

$$r\,y = \operatorname{tg} \frac{\alpha}{2} \cdot g.$$

Ebenso ist im Dreieck t u w die Seite t w = g, somit

$$u\,w = \operatorname{tg} \frac{\alpha}{2} \cdot g.$$

Die Zwischengerade des Innengleises ist daher

$$f\,m \;=\; c\,k - (r\,y + u\,w).$$

Die Tangenten e f und m o sind gleich b e bzw. k n, und deshalb ist die gewünschte Seite des Dreiecks e i o

$$e\,o \;=\; e\,f + f\,m + m\,o.$$

Die übrigen Seiten können jetzt gefunden werden. Dieselben betragen

$$e\,i \;=\; \frac{\sin \gamma \,.\, e\,o}{\sin \beta},$$

$$i\,o \;=\; \frac{\sin \alpha \,.\, e\,o}{\sin \beta},$$

$$g\,p \;=\; g\,n + n\,p,$$

$$i\,g \;=\; i\,o + o\,g.$$

Bei doppelgleisigen Anlagen werden die örtlichen Aufmessungen stets auf die Hauptmittelachse bezogen; es sollen daher auch die Maße $a_1\,h$ und $h\,p_1$ gerechnet werden. In den Dreiecken $g\,g_1\,h$ und $g\,g_2\,h$ ist

$$g\,g_1 \;=\; \frac{g_1\,h}{\mathrm{tg}\,\dfrac{180^0 - \beta}{2}} \quad \text{und} \quad g\,g_2 \;=\; \frac{g_2\,h}{\mathrm{tg}\,\dfrac{180^0 - \beta}{2}},$$

$g_1\,h$ und $g_2\,h$ sind gleich halbem Gleisabstand gleich $\dfrac{g}{2}$, $g\,g_1$ und $g\,g_2$ sind also gleich

$$a_1\,h \;=\; a\,g - g\,g_1 \;=\; a\,b + (b\,g - g\,g_1),$$

$$h\,p_1 \;=\; g\,p - g\,g_2.$$

Zum Schluß ist die Größe x noch zu bestimmen. Berechnet wurde dieselbe schon vorher als r y. Man wird dieselbe aber der Kontrolle wegen nochmals durch Subtraktion der Größen $a\,g_3$ und d i bestimmen. Die Seite $g\,g_3$ des Dreiecks $g\,g_3\,i$ ist

$$g\,g_3 \;=\; 2\,.\,g\,g_1.$$

Es ist dann

$$x \;=\; d\,e + e\,i - (a\,b + b\,g - g\,g_3).$$

Dieser Wert x muß mit r y übereinstimmen.

Die Größe $q\,q_1$ ist auch schon vorher bestimmt. Dieselbe muß gleich dem Wert u w sein. Die Kontrolle muß aber ergeben, daß auch

$$q\,q_1 \;=\; i\,q + 2\,.\,g\,g_2 - g\,p \ \text{ist.}$$

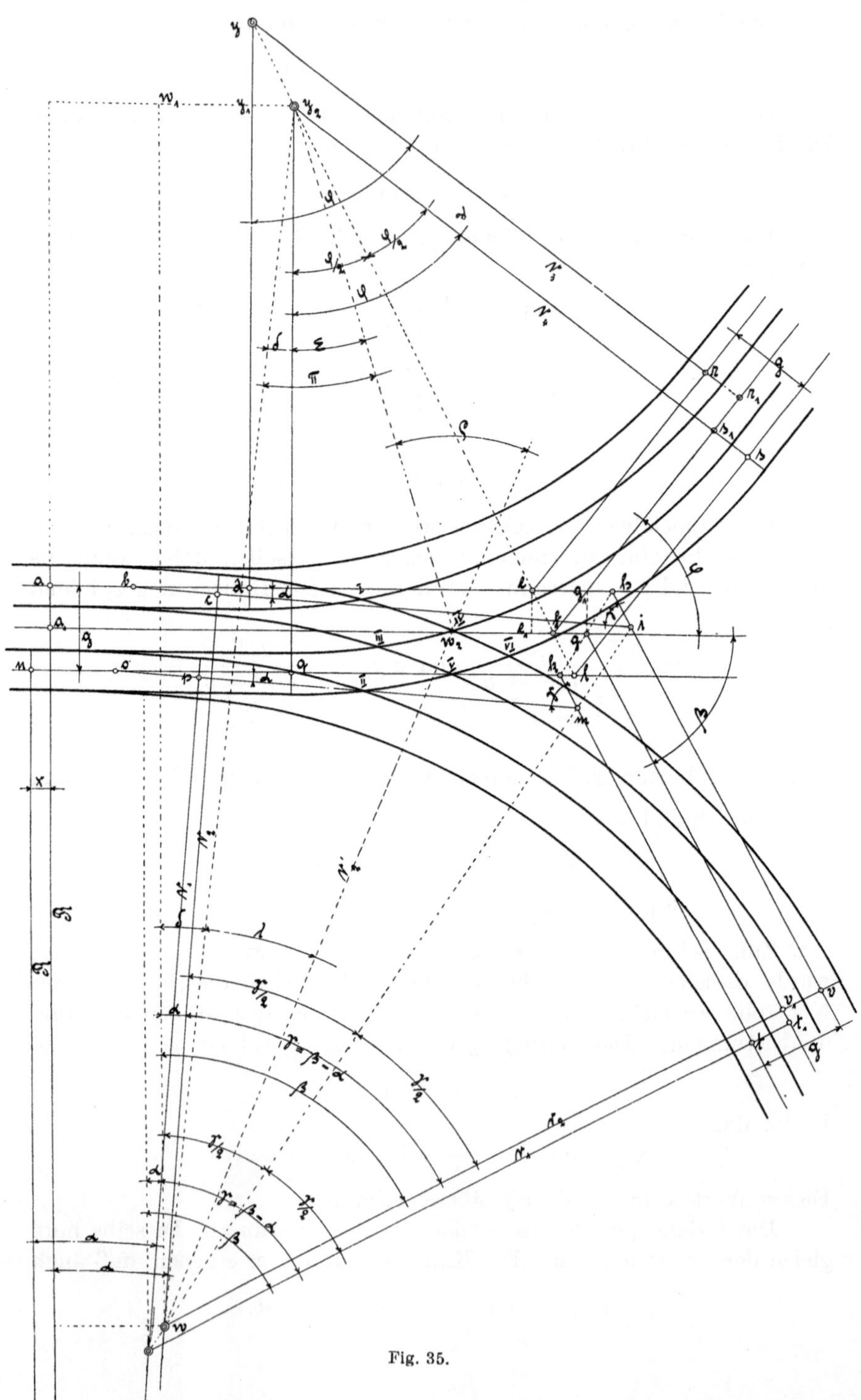

Fig. 35.

3. Doppelgleisige Abzweigung nach zwei entgegengesetzten Richtungen. (Fig. 35.)

Diese Art Abzweigungen wird man häufig bei doppelten Gleisdreiecken vernehmen, wobei man in der Regel auf scharfe Kurven mit kleinen Radien angewiesen ist. Die Radien der paarigen anschließenden Doppelkurven sind vollständig unabhängig voneinander, sie sollen auch hier so gewählt werden, daß der Gleisabstand im Scheitelpunkt der Kurven groß genug ist, damit die Wagen ungehindert gleichzeitig durch beide Gleise fahren können.

Der Berechnung mögen dieselben Angaben zugrunde liegen wie im vorigen Abschnitt, unter Hinzunahme des Winkels φ und des Abstandes f g. Winkel γ sei wieder der Tangentenwinkel zu den Bögen mit den Radien r_1 und r_2; dann sind die Tangenten p m und c i gleich:

$$p\,m = m\,t = \operatorname{tg}\frac{\gamma}{2} \cdot r_1,$$

$$i\,v = c\,i = \operatorname{tg}\frac{\gamma}{2} \cdot r_2.$$

Die Seiten

$$o\,m = o\,p + p\,m,$$
$$b\,i = b\,c + c\,i$$

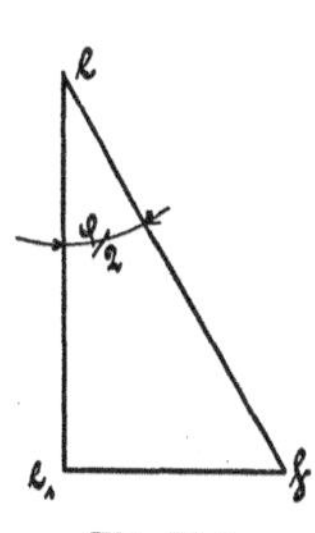

Fig. 36 a.

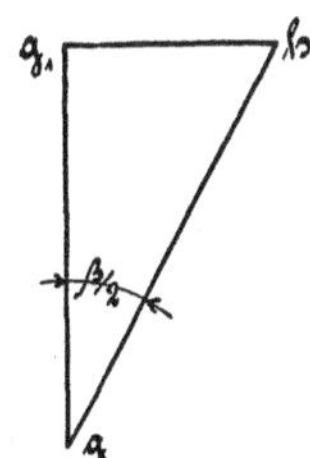

Fig. 36 b.

der Dreiecke o k m und b k i sind bekannt und daher

$$o\,k = \frac{\sin\gamma \cdot o\,m}{\sin\beta}, \qquad k\,m = \frac{\sin\alpha \cdot o\,m}{\sin\beta},$$

$$b\,h = \frac{\sin\gamma \cdot b\,i}{\sin\beta}, \qquad h\,i = \frac{\sin\alpha \cdot b\,i}{\sin\beta}.$$

Ist Winkel φ der Tangentenwinkel zu den Bögen mit den Radien r_3 und r_4, dann sind ihre Tangenten

$$d\,e = e\,r = \operatorname{tg}\frac{\varphi}{2} \cdot r_3,$$

$$g\,l = l\,s = \operatorname{tg}\frac{\varphi}{2} \cdot r_4.$$

Der Abstand von der Zungenspitze bis zu Anfang des Radius r_3 beträgt

$$a\,d = a\,b + b\,h - (g_1\,h + f\,g + e_1\,f) - d\,e,$$

worin nach den Fig. 35 und 36

$$g_1\,h \;=\; \mathrm{tg}\,\frac{\beta}{2}\cdot g\,g_1,$$

$$e_1\,f \;=\; \mathrm{tg}\,\frac{\varphi}{2}\cdot e\,e_1;$$

$g\,g_1$ und $e\,e_1$ sind gleich halbem Gleisabstand.

Die Entfernungen $a_1\,f$ und $a_1\,g$ betragen

$$a_1\,f \;=\; a\,d + d\,e + e_1\,f,$$
$$a_1\,g \;=\; a_1\,f + f\,g.$$

Vergleicht man Fig. 37 mit der Hauptfigur 35, so sieht man, daß

$$g_3\,k \;=\; g_1\,h \quad \text{ist.}$$

Es ergibt sich dann das Maß der Voreilung

$$x \;=\; n\,o + o\,k + g_3\,k - a_1\,g.$$

Im Dreieck $y\,y_1\,y_2$ (Fig. 34) ist

$$y_1\,y_2 \;=\; \mathrm{tg}\,\frac{\varphi}{2}\cdot y\,y_1.$$

Hierin ist $y\,y_1$ gleich Gleisabstand g. Die Länge von Zungenspitze bis Anfang des Radius r_4 ist:

$$n\,q \;=\; x + a\,d + y_1\,y_2,$$
$$r_1\,s_1 \;=\; y_1\,y_2,$$
$$f\,s_1 \;=\; e_1\,f + e\,r - r_1\,s_1,$$
$$g\,v_1 \;=\; h\,i + i\,v - g_1\,h,$$
$$v_1\,t_1 \;=\; g_1\,h + k\,m + m\,t - g\,v_1.$$

Die Berechnung der Tangenten und Gleisachsen ist hiermit erledigt. Für die Berechnung der beiden Herzstücke I und II (Fig. 35) sei auf Abschnitt II, 5 hingewiesen. Dieselbe ist auch für die vier Kreuzungspunkte III bis VI anzuwenden. Um dem Leser den Rechnungsgang nochmals zu zeigen, soll derselbe für einen Kreuzungspunkt, z. B. IV, angeführt werden.

Das rechtwinklige Dreieck $w\,w_1\,y_2$ mit dem Winkel δ kann nach Abschnitt II, 5 berechnet werden. Dann ist aber auch das Dreieck $w\,w_2\,y_2$ bekannt, weil alle Seiten gegeben sind, denn $w\,w_2$ ist gleich dem Radius r_2 plus der halben Spurweite und $w_2\,y_2$ ist gleich dem Radius r_4 minus der halben Spurweite.

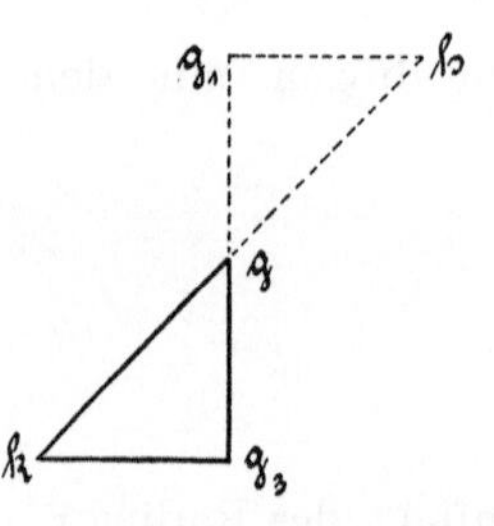

Fig. 37.

Es ist nun

$$\cos \lambda = \frac{w\,y_2{}^2 + w\,w_2{}^2 - w_2\,y_2{}^2}{2 \cdot w\,y_2 \cdot w\,w_2},$$

$$\cos \pi = \frac{w\,y_2{}^2 + w_2\,y_2{}^2 - w\,w_2{}^2}{2 \cdot w\,y_2 \cdot w_2\,y_2}.$$

Der Kreuzungswinkel ϱ zum Kreuzungspunkt IV ist

$$\text{Winkel } \rho = \pi + \lambda,$$
$$\text{,,}\quad \varepsilon = \pi - \delta.$$

4. Doppelgleisige Abzweigung mit ungleichen Gleisabständen. (Fig. 38.)

Wenn auch bei jeder Straßenbahn ein konstantes Maß für den Gleisabstand besteht, so kommen doch einzelne Fälle vor, in denen man gezwungen ist, hiervon abzuweichen. Dies kann man besonders in Großstädten beobachten, in welchen bei breiten Straßen die Gleise symmetrisch zu beiden Seiten der Straße verlegt werden. Hierbei wird es oft als notwendig erscheinen, daß eine Abzweigung aus einer breiten Straße mit großem Gleisabstand in eine engere Straße mit kleinerem normalen Gleisabstand erforderlich ist. Eine solche Abzweigung zeigt Fig. 38, wobei die beiden anschließenden Kurven gleiche Radien haben.

Es muß für die Berechnung bekannt sein:

Die Tangenten a b, b c, d e und e f sowie der Radius R der beiden Zungenvorrichtungen, der Weichenwinkel α, die örtliche Aufmessung des Winkels β, die beiden Radien r der anschließenden Bögen, die Gleisabstände G und g.

Ist γ wieder der Tangentenwinkel der beiden anschließenden Kurven mit den Radien r, dann sind die Tangenten

$$c\,h = h\,m = \operatorname{tg} \frac{\gamma}{2} \cdot r,$$

$$f\,m = m\,o = \operatorname{tg} \frac{\gamma}{2} \cdot r,$$
$$\gamma = \beta - \alpha.$$

Da die beiden Tangentenwinkel γ und die beiden Radien r zu den Tangenten gleich sind, so müssen auch die Tangenten selbst gleich sein. Es ist also

$$c\,h = h\,m = f\,m = m\,o.$$

Die Tangenten b c und e f der Zungenvorrichtungen sind ebenfalls gleich, auch die beiden Weichenwinkel α; also sind die beiden Dreiecke b g_1 h und e k m kongruent.

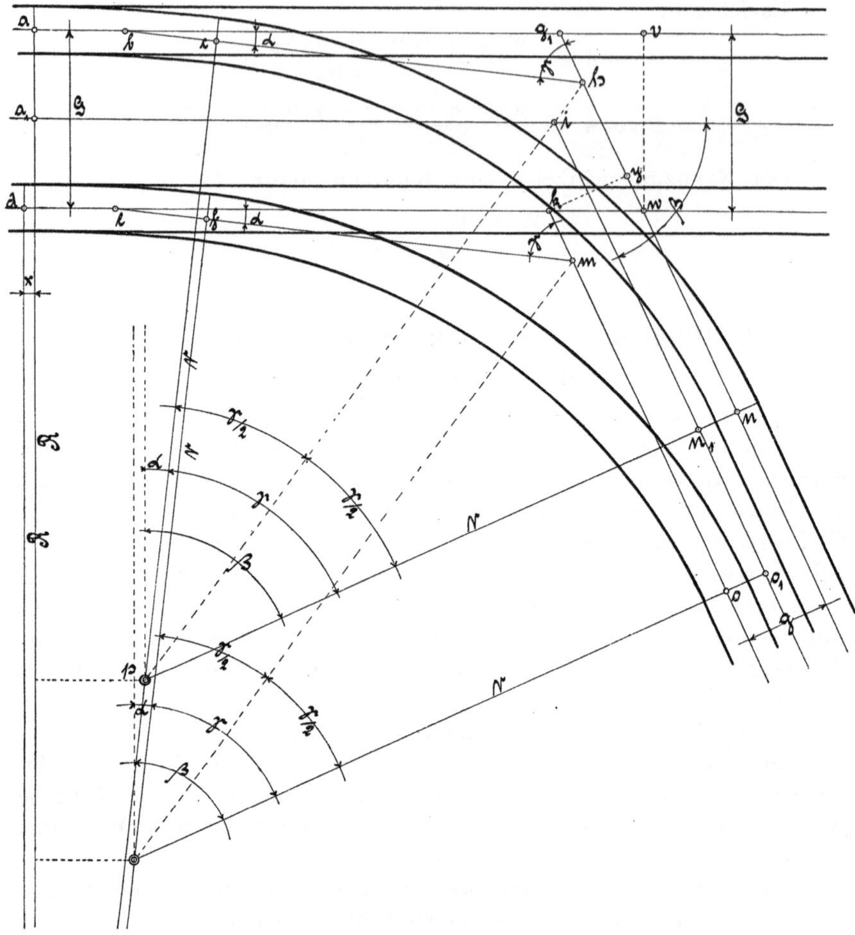

Fig. 38.

$$b\,h = b\,c + c\,h,$$
$$e\,m = e\,f + f\,m,$$
$$b\,h = e\,m.$$

Es ist ferner

$$b\,g_1 = e\,k = \frac{\sin\gamma\,.\,b\,h}{\sin\beta} = \frac{\sin\gamma\,.\,e\,m}{\sin\beta}\,,$$

$$g_1\,h = k\,m = \frac{\sin\alpha\,.\,b\,h}{\sin\beta} = \frac{\sin\alpha\,.\,e\,m}{\sin\beta}\,.$$

Die Entfernung von den Zungenspitzen a und d bis zu den Winkelpunkten g_1 bzw. k ist

$$a\,g_1 = a\,b + b\,g_1,$$
$$d\,k = d\,e + e\,k,$$
$$a\,g_1 = d\,k.$$

In den Dreiecken $g_1\,v\,w$ und $k\,w\,y$ ist

$$g_1\,w = \frac{v\,w}{\sin\beta}, \qquad w\,y = \frac{k\,y}{\mathrm{tg}\,\beta}.$$

Hierin ist $v\,w$ gleich dem großen Gleisabstand G und $k\,y$ gleich dem kleinen Gleisabstand g.

$$g_1\,v = \frac{v\,w}{\mathrm{tg}\,\beta}, \qquad k\,w = \frac{k\,y}{\sin\beta}.$$

Die Voreilung x muß jetzt betragen

$$x = d\,k + k\,w - (a\,g_1 - g_1\,v).$$

Die Werte für $k\,w$ und $g_1\,v$ eingesetzt, ergibt

$$x = d\,k + \frac{k\,y}{\sin\beta} - a\,g_1 - \frac{v\,w}{\mathrm{tg}\,\beta}.$$

Da $d\,k = a\,g_1$ ist, so ist auch

$$x = \frac{k\,y}{\sin\beta} - \frac{v\,w}{\mathrm{tg}\,\beta}.$$

Die Voreilung $n_1\,o_1$ beträgt

$$n_1\,o_1 = (g_1\,w - w\,y) + k\,m + m\,o - (g_1\,h + h\,n),$$
$$n_1\,o_1 = g_1\,w - w\,y + k\,m + m\,o - g_1\,h - h\,n.$$

Hierin ist

$$k\,m = g_1\,h \text{ und } m\,o = h\,n,$$

also $\qquad\qquad n_1\,o_1 = g_1\,w - w\,y.$

Die oben erhaltenen Werte eingesetzt, ergibt

$$n_1\,o_1 = \frac{v\,w}{\sin\beta} - \frac{k\,y}{\mathrm{tg}\,\beta}.$$

Die Entfernung $a_1\,i$ der mittleren Gleisachse für den großen Gleisabstand beträgt

$$a_1\,i = a\,g_1 + g_1\,v - \left(\frac{g_1\,v}{2} + \frac{k\,w}{2}\right),$$
$$a_1\,i = a\,g_1 + \frac{g_1\,v}{2} - \frac{k\,w}{2}.$$

Die bekannten Größen für $g_1\,v$ und $k\,w$ eingesetzt:

$$a_1\,i = a\,g_1 + \frac{\dfrac{v\,w}{\mathrm{tg}\,\beta}}{2} - \frac{\dfrac{k\,y}{\sin\beta}}{2},$$
$$a_1\,i = a\,g_1 + \frac{\sin\beta \cdot v\,w - \mathrm{tg}\,\beta \cdot k\,y}{2 \cdot \mathrm{tg}\,\beta \cdot \sin\beta}.$$

Die Entfernung $i\,n_1$ der mittleren Gleisachse für den kleinen Gleisabstand beträgt

$$i\,n_1 = n\,h + g_1\,h - \left(\frac{g_1\,w}{2} - \frac{w\,y}{2}\right),$$

Durch Einsetzen der Werte $g_1\,w = \dfrac{v\,w}{\sin\beta}$ und $w\,y = \dfrac{k\,y}{\operatorname{tg}\beta}$ muß es heißen

$$i\,n_1 = n\,h + g_1\,h - \left(\frac{\dfrac{v\,w}{\sin\beta}}{2} - \frac{\dfrac{k\,y}{\operatorname{tg}\beta}}{2}\right),$$

$$i\,n_1 = n\,h + g_1\,h - \frac{\operatorname{tg}\beta\,.\,v\,w - \sin\beta\,.\,k\,y}{2\,.\,\operatorname{tg}\beta\,.\,\sin\beta}\,.$$

Die Berechnung der Weichen selbst sowie die Berechnung der Kreuzung und der Bögen ist dieselbe, wie schon früher gezeigt.

5. Doppelgleisige Abzweigung aus verschiedenen Richtungen. (Fig. 39.)

Bei der geometrischen Aufmessung sind die Winkel β und π sowie das Maß $b\,p$ festgelegt. Außerdem werden für die Berechnung der Anlage als bekannte Werte vorausgesetzt: Die Tangenten $d\,e$, $e\,g$, $v\,w$ und $w\,r$, der Weichenwinkel α, der anschließende Radius r_1, der Zungenradius R, der Gleisabstand g und die Spurweite s.

Es wird verlangt, daß sich der Radius R der Kurve vor Weiche I dem Weichenradius anschließen und diesem gleich sein soll. Im Winkelpunkt b_2 soll der normale Gleisabstand g wieder hergestellt sein.

Der hinter Weiche I anschließende Radius r muß bestimmt werden. Im Dreieck $b\,k\,p$ ist die Seite $b\,p$ bekannt, ebenso die zugehörigen Winkel β, π und φ, denn

$$\text{Winkel } \varphi = \beta - \pi.$$

Es ist dann

$$b\,k = \frac{\sin\beta\,.\,b\,p}{\sin\varphi}\,, \qquad k\,p = \frac{\sin\pi\,.\,b\,p}{\sin\varphi}\,.$$

Man bestimme dann zunächst den Radius r. Zu diesem Zweck müssen aber erst die Größen $b\,b_2$, $b_2\,d$, $e\,i$ und $i\,k$ berechnet werden.

In dem rechtwinkligen Dreieck $b\,b_1\,b_2$ ist

$$b\,b_2 = \frac{b_1\,b_2}{\sin\pi}\,, \qquad b\,b_1 = \frac{b_1\,b_2}{\operatorname{tg}\pi}\,,$$

worin $b_1 b_2$ gleich dem Gleisabstand g ist.   Die Tangenten

$$a\, b_2 \;=\; b_2\, d \;=\; \mathrm{tg}\,\frac{\pi}{2}\cdot R.$$

$$i\,k \;=\; \frac{i\,l}{\cos(90^0 - \beta)} \;=\; \frac{i\,l}{\sin\beta}\,,$$

$$k\,l \;=\; \mathrm{tg}\,(90^0 - \beta)\cdot i\,l \;=\; \mathrm{cotg}\,\beta\cdot i\,l.$$

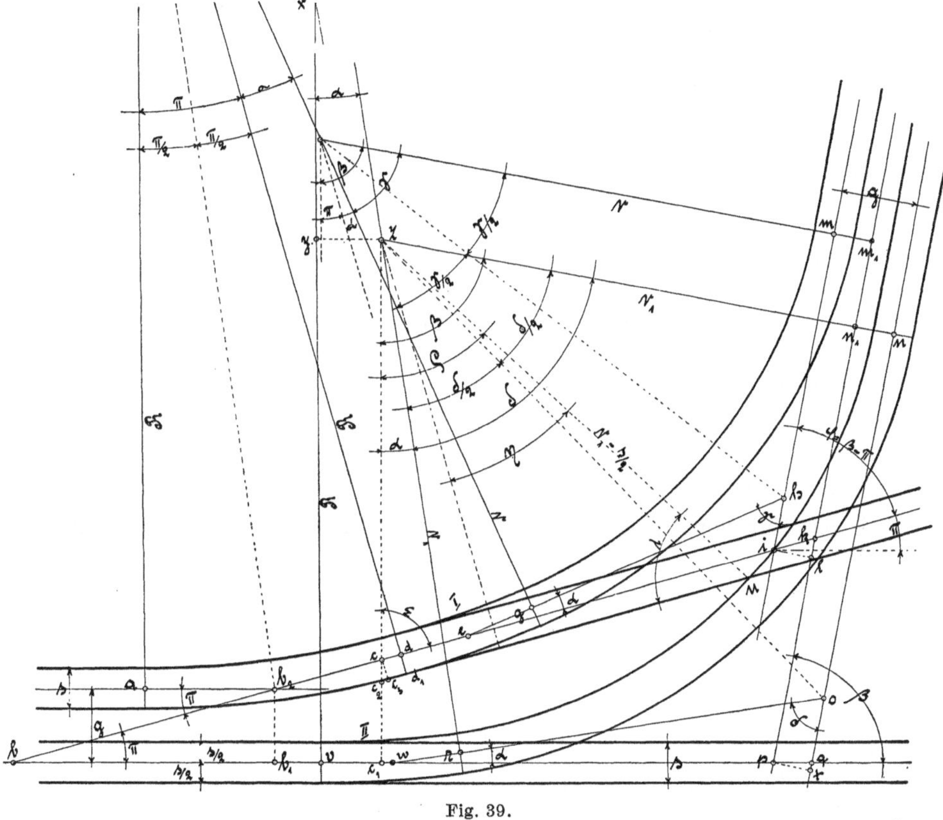

Fig. 39.

Durch Subtraktion läßt sich jetzt die Seite e i des Dreiecks e h i ermitteln.

$$e\,i \;=\; b\,k - (b\,b_2 + b_2\,d + d\,e + i\,k).$$

Die Winkel α, φ und γ in diesem Dreieck sind bekannt, denn

$$\text{Winkel}\;\gamma \;=\; \varphi - \alpha.$$

Die übrigen Seiten betragen

$$e\,h \;=\; \frac{\sin\varphi\cdot e\,i}{\sin\gamma}\,, \qquad h\,i \;=\; \frac{\sin\alpha\cdot e\,i}{\sin\gamma}\,.$$

Subtrahiert man die bekannte Tangente e g von der Seite e h, so sind die Tangenten g h und h m:

$$g\,h = h\,m = e\,h - e\,g,$$

und hiernach berechnet sich der Radius zu:

$$r = \frac{h\,m}{\operatorname{tg}\dfrac{\gamma}{2}} = \frac{g\,h}{\operatorname{tg}\dfrac{\gamma}{2}}.$$

Der Radius r_1 wurde als bekannt vorausgesetzt, deshalb sind die Tangenten

$$r\,o = n\,o = \operatorname{tg}\frac{\delta}{2}\cdot r_1,$$

wenn $\delta = \beta - \alpha$ ist. Die Seite w o des Dreieckes w o q ist

$$w\,o = w\,r + r\,o.$$

Die übrigen Seiten sind dann

$$w\,q = \frac{\sin\delta\cdot w\,o}{\sin\beta}, \qquad o\,q = \frac{\sin\alpha\cdot w\,o}{\sin\beta}.$$

Im Dreieck p q t ist

$$p\,q = \frac{p\,t}{\cos(90^0 - \beta)} = \frac{p\,t}{\sin\beta},$$
$$q\,t = \operatorname{tg}(90^0 - \beta)\cdot p\,t = \operatorname{cotg}\beta\cdot p\,t.$$

Das Maß vom Winkelpunkt b bis zu Anfang der Weiche II beträgt

$$b\,v = b\,p + p\,q - v\,w - w\,q.$$

Die Entfernung

$$k\,n_1 = n\,o + o\,q + q\,t - k\,p.$$

Die Voreilung

$$m_1\,n_1 = i\,h + h\,m - k\,l - k\,n_1.$$

Die Berechnung der Tangenten und Radien ist hiermit durchgeführt, so daß nur noch die Berechnung der Weichen und der Kreuzung selbst vorzunehmen ist. Von der Berechnung der beiden Weichen und ihrer zugehörigen Herzstücke soll aber abgesehen werden, weil diese schon früher ausführlich gezeigt wurde. Es soll nur der Kreuzungspunkt u berechnet werden.

In dem Dreieck x y z sind die Seiten:

$$x\,z = R - r_1,$$
$$x\,y = \cos\alpha\cdot x\,z.$$
$$y\,z = \sin\alpha\cdot x\,z,$$
$$z\,c_1 = R - x\,y = z\,c + c\,c_1.$$

Es lassen sich jetzt $b\,c$ und $c\,c_1$ in dem Dreieck $b\,c\,c_1$ ermitteln, denn es ist

$$b\,c = \frac{b\,c_1}{\cos \pi} = \frac{b\,v + y\,z}{\cos \pi},$$

ferner

$$c\,c_1 = \operatorname{tg}\pi \cdot b\,c_1 = \operatorname{tg}\pi \cdot (b\,v + y\,z).$$

In dem Dreieck $c\,c_2\,c_3$ sind die Seiten

$$c\,c_2 = \frac{c\,c_3}{\cos \pi}, \qquad c_2\,c_3 = \operatorname{tg}\pi \cdot c\,c_3.$$

Hierin ist $c\,c_3$ gleich halber Spurweite $= \dfrac{s}{2}$.

Betrachtet man nun das Dreieck $z\,c_2\,u$, so sieht man, daß die Seiten

$$z\,c_2 = z\,c_1 - (c\,c_1 - c\,c_2) = z\,c_1 - c\,c_1 + c\,c_2 \quad \text{sind.}$$

Wird der Wert für $z\,c_1$ eingesetzt, so heißt es

$$z\,c_2 = z\,c + c\,c_1 - c\,c_1 + \frac{c\,c_3}{\cos \pi} = z\,c + \frac{c\,c_3}{\cos \pi},$$

und

$$z\,u = r_1 - \frac{s}{2}.$$

Ebenfalls ist der Winkel

$$\varepsilon = 90^0 - \pi \quad \text{bekannt.}$$

Die Winkel λ und ϱ sowie die Seite $c_2\,u$ lassen sich jetzt bestimmen. Es ist:

$$\sin \lambda = \frac{\sin \varepsilon \cdot z\,c_2}{z\,u},$$
$$\text{Winkel } \rho = 180^0 - (\varepsilon + \lambda),$$
$$c_2\,u = \frac{z\,u \cdot \sin \rho}{\sin \varepsilon}.$$

Der Kreuzungswinkel η beträgt $= 90^0 - \lambda$.

Die Entfernung von Zungenspitze d_1 bis zum Schnittpunkt u ist

$$d_1\,u = c_2\,u - c_2\,c_3 + b\,c - (b\,b_2 + b_2\,d).$$

Alle übrigen Kreuzungspunkte lassen sich auf ähnliche Weise berechnen.

VIII. Doppelte Gleisdreiecke.

Die Berechnung einfacher Gleisdreiecke wurde unter Abschnitt VI ausführlich behandelt, weshalb es hier unterlassen werden soll, auf die gewöhnlich vorkommenden doppelten Gleisdreiecke einzugehen.

Wer den Gang der Berechnung der Abschnitte VI und VII gut verfolgt und verstanden hat, wird ohne weiteres auch die gewöhnlichen doppelten Gleisdreiecke selbständig berechnen können, es müßte denn sein, daß ein besonderer Fall vorliegt. So sei z. B. auf die Gleisanlage Fig. 40 (siehe Tafel I am Schluß des Buches) hingewiesen, deren Berechnung im folgenden gezeigt werden soll.

Durch die örtliche geometrische Aufmessung müssen die Winkel β, δ und π und die Entfernungen der Winkelpunkte $z\,z_1$ und $z\,v_3$ bestimmt sein.

Man geht von der Annahme aus, daß folgende Größen für die Berechnung gegeben sind: Die Radien R für alle Zungenvorrichtungen gleich, die gleichen Tangenten der Zungenvorrichtungen $a\,a_1$, $a_1\,a_2$, $b\,b_1$, $b_1\,b_2$, $h\,h_1$, $h_1\,h_2$, $i\,i_1$, $i_1\,i_2$, $r\,o_2$, $o_2\,r_1$, $t\,k_2$ und $k_2\,t_1$, der Weichenwinkel α für alle Weichen, die Radien r, r_1 ...... r_7, der Gleisabstand g und die Spurweite s.

Auch für diese Anlage ist die Berechnung eine ganz einfache, nur muß man nicht von dem Grundgedanken abweichen, die Rechnung möglichst zusammenhängend durchzuführen.

Man beginnt zunächst damit, die Tangenten zu den Radien r_1 und r_2 zu bestimmen. In den Dreiecken $h_1\,k_1\,m_1$, $i_1\,o_1\,p_1$, $p\,o_1\,o_2$ und $m\,k_1\,k_2$ sind die Winkel

$$\gamma = 180^0 - (\alpha + \pi),$$
$$\varphi = \gamma - \alpha.$$

Es ist ferner

$$h_2\,m_2 = m_2\,t = \operatorname{tg}\frac{\varphi}{2}\cdot r_1,$$

$$i_2\,p_2 = p_2\,r = \operatorname{tg}\frac{\varphi}{2}\cdot r_2.$$

Addiert man diese erhaltenen Tangenten zu den Tangenten der Zungenvorrichtungen, so sind die Seiten $h_1\,m_2$, $m_2\,k_2$, $i_1\,p_2$ und $p_2\,o_2$ als Seiten der Dreiecke $h_1\,m\,m_2$, $k_2\,m_1\,m_2$, $i_1\,p\,p_2$ und $o_2\,p_1\,p_2$ bekannt, ebenfalls die Winkel der Dreiecke. Die anderen Seiten sind daher zu berechnen. Bemerkt sei noch, daß je zwei dieser Dreiecke, welche zu einem und demselben Radius gehören, kongruent sind, weil sie in den Winkeln und in einer Seite übereinstimmen.

$$h_1\,m_2 = m_2\,k_2 = h_1\,h_2 + h_2\,m_2 = m_2\,t + t\,k_2.$$
$$i_1\,p_2 = p_2\,o_2 = i_1\,i_2 + i_2\,p_2 = p_2\,r + r\,o_2.$$

Es ist ferner

$$h_1\,m = m_1\,k_2 = \frac{\sin\varphi\cdot h_1\,m_2}{\sin\gamma} = \frac{\sin\varphi\cdot m_2\,k_2}{\sin\gamma},$$

$$m\,m_2 = m_1\,m_2 = \frac{\sin\alpha\cdot h_1\,m_2}{\sin\gamma} = \frac{\sin\alpha\cdot m_2\,k_2}{\sin\gamma},$$

$$i_1 p = p_1 o_2 = \frac{\sin \varphi \cdot i_1 p_2}{\sin \gamma} = \frac{\sin \varphi \cdot p_2 o_2}{\sin \gamma},$$

$$p p_2 = p_1 p_2 = \frac{\sin \alpha \cdot i_1 p_2}{\sin \gamma} = \frac{\sin \alpha \cdot p_2 o_2}{\sin \gamma}.$$

Jetzt lassen sich die folgenden Größen bestimmen:

$$h_1 m_1 = h_1 m_2 + m_1 m_2,$$
$$m k_2 = m m_2 + m_2 k_2,$$
$$h_1 m_1 = m k_2,$$
$$i_1 p_1 = i_1 p_2 + p_1 p_2,$$
$$p o_2 = p p_2 + p_2 o_2,$$
$$i_1 p_1 = p o_2.$$

Hiernach bestimmt sich

$$h_1 k_1 = k_1 k_2 = \frac{\sin \gamma \cdot h_1 m_1}{\sin \pi} = \frac{\sin \gamma \cdot m k_2}{\sin \pi},$$

$$k_1 m_1 = m k_1 = \frac{\sin \alpha \cdot h_1 m_1}{\sin \pi} = \frac{\sin \alpha \cdot m k_2}{\sin \pi},$$

$$i_1 o_1 = o_1 o_2 = \frac{\sin \gamma \cdot i_1 p_1}{\sin \pi} = \frac{\sin \gamma \cdot p o_2}{\sin \pi},$$

$$p o_1 = o_1 p_2 = \frac{\sin \alpha \cdot i_1 p_1}{\sin \pi} = \frac{\sin \alpha \cdot p o_2}{\sin \pi}.$$

Es empfiehlt sich, jetzt zuerst die Tangenten der Kurven mit den Radien r_3 und r_4 zu bestimmen.

$$a_2 e = e k = \mathrm{tg}\,(180^0 - \alpha - \beta) \cdot r_3 = \mathrm{cotg}\,(\alpha + \beta) \cdot r_3,$$
$$b_2 f = f o = \mathrm{tg}\,(180^0 - \alpha - \beta) \cdot r_4 = \mathrm{cotg}\,(\alpha + \beta) \cdot r_4.$$

Diese erhaltenen Tangenten zu den Tangenten der Zungenvorrichtungen addiert, ergibt

$$a_1 e = a_1 a_2 + a_2 e,$$
$$b_1 f = b_1 b_2 + b_2 f,$$

und dies sind Seiten zu den Dreiecken $a_1 e e_1$ und $b_1 f f_1$.

Da auch die Winkel hierzu bekannt sind, so ist zu berechnen

$$a_1 e_1 = \frac{\sin (\alpha + \beta) \cdot a_1 e}{\sin \beta},$$

$$e e_1 = \frac{\sin \alpha \cdot a_1 e}{\sin \beta}$$

$$b_1 f_1 = \frac{\sin (\alpha + \beta) \cdot b_1 f}{\sin \beta},$$

$$f f_1 = \frac{\sin \alpha \cdot b_1 f}{\sin \beta}.$$

Zur Bestimmung der Voreilungen $z_2\,z_3$, $z_4\,z_5$ und $z_6\,z_7$ müssen zunächst die Größen $k_1\,q$, $o_1\,q_1$, $k_1\,q_2$, $o_1\,q_3$, $e_2\,z_1$ und $f_2\,f_1$ ermittelt werden. Es ist

$$k_1\,q = \frac{q\,z}{\operatorname{tg}\dfrac{\pi}{2}}, \qquad o_1\,q_1 = \frac{q_1\,z}{\operatorname{tg}\dfrac{\pi}{2}}\,.$$

Hierin ist $q\,z = q_1\,z$ gleich dem halben Gleisabstand, deshalb ist auch

$$k_1\,q = o_1\,q_1.$$

Ferner

$$k_1\,q_2 = \frac{q_2\,z}{\operatorname{tg}\dfrac{\pi}{2}}, \qquad o_1\,q_3 = \frac{q_3\,z}{\operatorname{tg}\dfrac{\pi}{2}}\,.$$

Weil auch hierin $q_2\,z = q_3\,z$ gleich dem halben Gleisabstand ist, deshalb muß auch sein

$$k_1\,q_2 = o_1\,q_3.$$

Die Gleisabstände g sind aber für beide Richtungen dieselben, also es ist

$$q\,z = q_1\,z = q_2\,z = q_3\,z,$$

somit sind dann auch

$$k_1\,q = o_1\,q_1 = k_1\,q_2 = o_1\,q_3,$$
$$e_2\,z_1 = f_2\,f_1 = \frac{e_1\,e_2}{\operatorname{tg}\dfrac{\beta}{2}};$$

$e_1\,e_2$ ist wieder gleich dem halben Gleisabstand.

Die Voreilungen können jetzt ohne weiteres bestimmt werden, und zwar ist

$$z_2\,z_3 = i\,i_1 + i_1\,o_1 + o_1\,q_1 + k_1\,q - h\,h_1 - h_1\,k_1.$$

Hierin ist $i\,i_1 = h\,h_1$ und $o_1\,q_1 = k_1\,q$, also wird

$$z_2\,z_3 = i_1\,o_1 + 2\,.\,o_1\,q_1 - h_1\,k_1,$$
$$z_4\,z_5 = k_1\,q_2 + o_1\,q_3 + o_1\,o_2 + o_2\,r_1 - k_1\,k_2 - k_2\,t_1.$$

Da $o_2\,r_1 = k_2\,t_1$ und $k_1\,q_2 = o_1\,q_3$ ist, so wird sein

$$z_4\,z_5 = 2\,.\,k_1\,q_2 + o_1\,o_2 - k_1\,k_2,$$
$$z_6\,z_7 = a\,a_1 + a_1\,e_1 + e_2\,z_1 + f_2\,f_1 - b\,b_1 - b_1\,f_1,$$
$$z_6\,z_7 = a_1\,e_1 + 2\,.\,e_2\,z_1 - b_1\,f_1.$$

Die Entfernungen von den Winkelpunkten der Hauptmittelachsen bis zu den inneren Weichenspitzen betragen

$$z\,z_2 = h\,h_1 + h_1\,k_1 - k_1\,q,$$
$$z\,z_4 = k_1\,k_2 + k_2\,t_1 - k_1\,q_2,$$
$$z_6\,z_1 = b\,b_1 + b_1\,f_1 - f_2\,f_1.$$

Man gehe jetzt zur Bestimmung der Größen für die Kurven mit den Radien r_5 bis r_8 über. In dem Dreieck $c_4\, z\, z_1$ sind die Winkel β und π und die Seite $z\, z_1$ bekannt.

$$\text{Winkel } \delta_1 = 180^0 - (\beta + \pi).$$

Die übrigen Seiten lassen sich deshalb ermitteln, denn es ist

$$c_4\, z = \frac{\sin \beta \cdot z\, z_1}{\sin \delta_1},$$

$$c_4\, z_1 = \frac{\sin \pi \cdot z\, z_1}{\sin \delta_1}.$$

Hierdurch wurde die Seite $c_4\, v_3$ des Dreieckes $c_4\, c_1\, v_3$ bekannt; dieselbe beträgt

$$c_4\, v_3 = c_4\, z + z\, v_3.$$

Da Winkel δ und δ_1 bekannt sind, so ist Winkel

$$\delta_2 = \delta + \delta_1.$$

Dies ist der Tangentenwinkel zu den Kurven mit den Radien r_7 und r_8. Die zugehörigen Tangenten haben demnach eine Länge von

$$c\, c_1 = c_1\, c_2 = \frac{\operatorname{tg} \delta_2}{2} \cdot r_7,$$

$$d\, d_1 = d_1\, d_2 = \frac{\operatorname{tg} \delta_2}{2} \cdot r_8.$$

Die Tangenten der Kurven mit den Radien r_5 und r_6 betragen

$$n_1\, n = n\, n_2 = \operatorname{tg} \frac{\delta}{2} \cdot r_5,$$

$$v_1\, v = v\, v_2 = \operatorname{tg} \frac{\delta}{2} \cdot r_6.$$

In dem Dreieck $c_4\, c_3\, v_3$ sind die zwei anderen Seiten

$$c_4\, c_3 = \frac{\sin \delta \cdot c_4\, v_3}{\sin \delta_2},$$

$$c_3\, v_3 = \frac{\sin \delta_1 \cdot c_4\, v_3}{\sin \delta_2}.$$

Für die Feststellung der Zwischengeraden $c_2\, n_1$ und $d_2\, v_1$ berechne man vorher $c_3\, c_5$ und $v_3\, v_4$ der Dreiecke $c_1\, c_3\, c_5$ und $v\, v_3\, v_4$. Es ist

$$c_3\, c_5 = \operatorname{tg} \frac{\delta_2}{2} \cdot c_1\, c_5,$$

$$v_3\, v_4 = \operatorname{tg} \frac{\delta}{2} \cdot v\, v_4.$$

Hierin ist $c_1\, c_5$ und $v\, v_4$ gleich dem halben Gleisabstand.

$$c_2\, n_1 = c_3\, v_3 - c_3\, c_5 - c_1\, c_2 - n_1\, n + v_3\, v_4,$$
$$d_2\, v_1 = c_3\, c_5 + c_3\, v_3 - v_3\, v_4 - d_1\, d_2 - v_1\, v.$$

Die Maße von Anfang der Radien r_5 und r_6 bis Anfang der Weichen sind

$$n_2\, r_1 = z\, z_4 + z_4\, z_5 - z\, v_3 + v_3\, v_4 - n\, n_2,$$
$$v_2\, t_1 = n_2\, r_1 - 2\, v_3\, v_4 - z_4\, z_5.$$

Für die Radien r_3 und r_4 betragen die Maße

$$h\, k = z_2\, z + z\, z_1 - e_2\, z_1 - e\, e_1 - e\, k,$$
$$i\, o = z_2\, z_3 + z_2\, z + z\, z_1 + f_1\, f_2 - f\, f_1 - f\, o,$$
$$z_6\, c_4 = z_6\, z_1 - c_4\, z_1.$$

Die Geraden von Weichenanfang bis zu den Radien r_7 und r_8 betragen

$$b\, d = z_6\, c_4 + c_4\, c_3 + c_3\, c_5 - d\, d_1,$$
$$a\, c = z_6\, z_7 + z_6\, c_4 + c_4\, c_3 - c_3\, c_5 - c\, c_1.$$

Die gesamte Tangentenberechnung der Gleisanlage wäre hiermit abgeschlossen. Es ist jetzt noch die Einzelberechnung der Herzstücke und Bögen vorzunehmen. Alle hierbei vorkommenden Weichenarten sind aber schon uuter Abschnitt II aufgeführt, es ist darum unnötig, an dieser Stelle nochmals darauf einzugehen. Selbst die Berechnung der Zweibogenkreuzung der Kurven mit den Radien r_4 und r_7 ist bekannt. Eine ähnliche Berechnung wurde unter Abschnitt II, 4 gezeigt. Für einen Kreuzungspunkt soll die Berechnung durchgeführt werden.

Die Werte für $w_2\, w_1$ und $b\, w_2$ bestimme man nach früher angegebenen Formeln. Es sind dann im Dreieck $w_1\, w_3\, x$ die Seiten

$$w_1\, w_3 = a\, c - z_7\, z_6 - w_6\, w_1,$$
$$w_3\, x = r_7 + g - b\, w_2,$$
$$\operatorname{tg} \varrho = \frac{w_1\, w_3}{w_3\, x},$$
$$w_1\, x = \frac{w_1\, w_3}{\sin \varrho}.$$

In dem Dreieck $w_1\, x\, x_2$ sind jetzt alle drei Seiten bekannt, die Winkel in demselben sind also zu berechnen:

$$\operatorname{tg} \frac{\varepsilon_1}{2} = \frac{1}{S-A} \cdot \sqrt{\frac{(S-A)\cdot(S-B)\cdot(S-C)}{S}}.$$

Hierin ist $A = r_4 - \dfrac{s}{2}$, $B = w_1 x$, $C = r_7 - \dfrac{s}{2}$ und S = Summe der drei Seiten dividiert durch 2.

$$\sin \varepsilon_2 = \frac{w_1\, x \cdot \sin \varepsilon_1}{r_4 - \dfrac{s}{2}},$$

$$\varepsilon_2 = \text{Herzstückwinkel},$$
$$\varepsilon_3 = 180^0 - (\varepsilon_1 + \varepsilon_2).$$

IX. Einfache normale Weiche 1:9,
aus Profil 6ᵈ der Preußischen Staatsbahnen. (Fig. 41.)

Die Berechnung und Ausführung solcher Weichen ist eine wesentlich andere wie die der Straßen- und Kleinbahnweichen, weil man es hier mit einem ganz anderen Schienenprofil zu tun hat. Dann kommt aber für die Berechnung noch der Umstand hinzu, daß alle Staatsbahn-Vignolweichen im gebogenen abzweigenden Geleise Spurerweiterung und Überschneidung der Zungen im Außenstrang erhalten, wodurch es sich erklärt, daß die Berechnung der Staatsbahnweichen bei weitem schwieriger ist als die Berechnung der Weichen für Straßen- und Kleinbahnen. Dagegen bieten die übrigen Gleisanlagen für die Staatsbahn im allgemeinen nicht so schwierige und interessante Berechnungen wie diejenigen für Straßen- und Kleinbahnen, und zwar ist der Grund hierfür darin zu suchen, daß man bei Staatsbahngleisanlagen selten von normalen Weichen abweicht, und die vielen Kreuzungen und Gleisverschlingungen, wie sie die Straßen- und Verkehrsverhältnisse bei Straßenbahnen mit sich bringen, hier nicht vorkommen.

Bevor zur Berechnung der Weiche übergegangen wird, sollen des besseren Verständnisses wegen einige Erklärungen an Hand der Fig. 41 abgegeben werden.

In den Punkten a und a' besteht die normale Spurweite, welche auch gleichzeitig mit dem Radius in l l' zusammenfallen. Der Weichenanfang, oder besser gesagt, die Anfangsstöße der beiden Backenschienen liegen in den Punkten s bzw. s''. Bei s' s'' ist schon eine sich neigende Spurerweiterung vorhanden, welche in v beginnt und bei k' k'' zugenommen hat. k und k'' stellen die beiden Zungenspitzen dar. Die Entfernung k'' x' gibt an, wie weit die Zunge zur Anlage an die Backenschiene kommt. x x' ist die Breite des Zungenkopfes. Die innere Backenschiene nimmt also erst in x' ihren Bogen auf, welcher in y tangential in die Gerade y e' übergeht, wo dann die Gerade unter der Neigung des Winkels α zur Hauptgleisachse beginnt, und die normale Spurweite wieder hergestellt ist. a l ist die Überschneidung des äußeren gebogenen Stranges, a′ l′ entsteht durch die Spurerweiterung; beide Maße ergeben sich aber erst durch die Berechnung.

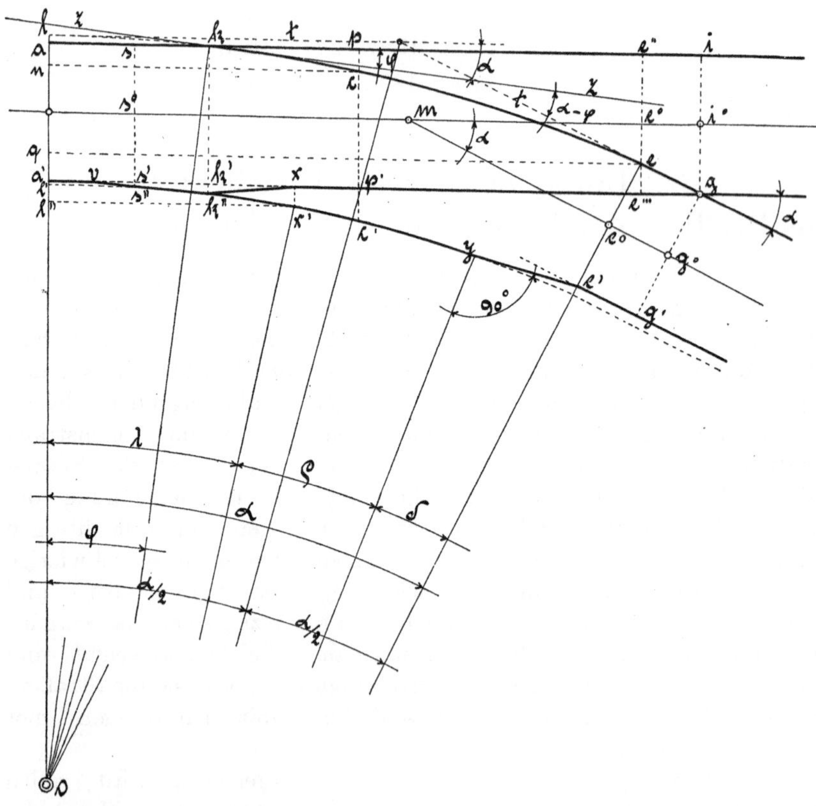

Fig. 41.

Da diese Weichen für jedes einzelne Schienen-Profil besonders berechnet werden müssen, so soll auch für den vorliegenden Fall ein Zahlenbeispiel gerechnet werden.   Es sei gegeben:

die Spurweite a a′ $= 1435$ mm,
der äußere Radius r $= 190{,}000$ m,
der Überschneidungswinkel $\varphi = 0^0\,40'$,
der Herzstückwinkel $\alpha = 1:9 = 6^0\,20'\,25''$,
die Entfernung von Anfang der Backenschiene bis Zungenspitze
s k $= 936$ mm,

die Spurerweiterung k′ k″ = 10 mm,

,,   ,,   s′ s″ = 4 ,,

,,   ,,   im gebogenen Gleis = 15 mm.

Die schneidende Gerade z z bildet die Tangente an dem äußeren Bogen des Radius r im Punkte k. Der Radius r muß also senkrecht auf der Geraden z z stehen, darum ist auch der Überschneidungswinkel φ gleich dem Zentriwinkel φ zum Bogen l k.

Das Maß von Anfang des Radius bis Zungenspitze ist

$$a\,k = \sin\varphi \cdot r = \sin 0^0\,40' \cdot 190000 = 2211.$$

Die Überschneidung des äußeren gebogenen Stranges kann nach der bekannten Näherungsformel bestimmt werden, es ist

$$a\,l = \frac{a\,k^2}{2\,r} = \frac{2211^2}{2 \cdot 190000} = 13.$$

Wenn die normale Spurweite a a′ = 1435 mm und die Spurerweiterung im gebogenen Gleise gleich 15 mm ist, dann muß sein

$$a'\,l' = l\,l' - (a\,l + a\,a') = 1450 - 1435 - 13 = 2.$$

Der Bogen des äußeren Stranges ist

$$k\,e = arc\,(\alpha - \varphi) \cdot r = arc\,5^0\,40'\,25'' \cdot 190000 = 18814.$$

Die Tangenten des äußeren Bogens l e betragen

$$t = tg\,\frac{\alpha}{2} \cdot r = tg\,3^0\,10'\,12{,}5'' \cdot 190000 = 10523.$$

In dem Dreieck mit dem Winkel α und der Hypotenuse t ist die Seite

$$e\,e'' = \sin\alpha \cdot t - a\,l = \sin 6^0\,20'\,25'' \cdot 10523 - 13 = 1149.$$

Dann ist

$$e\,e''' = e''\,e''' - e\,e'' = 1435 - 1149 = 286.$$

Der gerade Herzstückschenkel e g, welcher auch = e′ g′ ist, kann aus dem rechtwinkligen Dreieck e e‴ g ermittelt werden, weil hierin die Kathete e e‴ und der Winkel α bekannt sind.

$$e\,g = e'\,g' = \frac{e\,e'''}{\sin\alpha} = \frac{286}{\sin 6^0\,20'\,25''} = 2588,$$

$$e'''\,g = e''\,i = \frac{e\,e'''}{tg\,\alpha} = \frac{286}{tg\,6^0\,20'\,25''} = 2574.$$

Dieses Maß geht aber auch aus der gegebenen Neigung 1 : 9 hervor, denn

$$e'''\,g = e''\,i = 286 \cdot 9 = 2574.$$

Die ganze Entfernung vom theoretischen Anfang der Weiche bis zum Herzstückschnittpunkt beträgt

$$a\,i = a'\,g = t + \cos\alpha\,(t + e\,g)$$
$$= 10\,523 + \cos 6^0\,20'\,25''\,.\,13\,111 = 23\,554.$$

Der Wert $\cos\alpha\,(t + e\,\dot{g})$ entsteht aus dem rechtwinkligen Dreieck mit dem Winkel α und der Hypotenuse $t + e\,g$.

$$k\,i = a\,i - a\,k = 23\,554 - 2211 = 21\,343.$$

Die praktisch auszuführende Länge der Weiche von Anfang der Backenschienen bis zum Herzstückschnittpunkt ist.

$$s\,i = s'\,g = k\,i + s\,k = 21\,343 + 936 = 22\,279.$$

Bei dem Winkelpunkt m halbiert sich der Winkel α, wenn man m mit g verbindet, weil hierdurch in den neu entstandenen rechtwinkligen Dreiecken $m\,i^0\,g$ und $m\,g^0\,g$ die Katheten $i^0\,g$ und $g\,g^0$ gleich sind. Hieraus ist $m\,i^0 = m\,g^0$ zu berechnen.

$$m\,i^0 = m\,g^0 = \frac{i\,g}{tg\,\dfrac{\alpha}{2}} = \frac{717{,}5}{tg\,3^0\,10'\,12{,}5''} = 12\,955,$$

$$s^0\,m = s\,i - m\,i^0 = 22\,279 - 12\,955 = 9324.\ \cdot$$

Infolge der Spurerweiterung muß der Radius zu dem inneren Bogen werden

$$r_i = r - (1435 + 15) = 190\,000 - 1450 = 188\,550.$$

Im Anfang wurde erwähnt, daß $x\,x'$ die Breite des Zungen oder auch des Schienenkopfes ist. Dieses Maß beträgt beim Schienenprofil 6^d der Preußischen Staatsbahn 58 mm. Es ist daher

$$1\,1'' = a\,1 + a\,a' + a'\,1'' = 13 + 1435 + 58 = 1506,$$
$$\cos\lambda = \frac{r - 1\,1''}{r_i} = \frac{190\,000 - 1506}{188\,550},$$
$$\lambda = 1^0\,23'\,41'',$$
$$1''\,x' = \sin\lambda\,.\,r_i = \sin 1^0\,23'\,41''\,.\,188\,550 = 4589.$$

Die gerade Zunge im Innenstrang soll von k'' bis x' anliegen und muß auf diese Länge behobelt werden. Die Schräge $k'\,x$ erhält dasselbe Maß für die Behobelung. Es ist für die praktische Ausführung genau genug, wenn man

$$k'\,x = k''\,x' = 1''\,x' - a\,k = 4589 - 2211 = 2378\ \text{wählt.}$$

Die genaue Berechnung würde fast gar keine Differenz aufweisen.

Es wird verlangt, daß die innere Kurve $x'\,y$ tangential in die Gerade $y\,e'$ übergehen soll. Der Winkel bei y, welcher durch die

Gerade und den Radius r_1 gebildet wird, muß demnach 90° betragen.
Es ist dann

$$\cos \delta = \frac{r_i}{r_i + 15} = \frac{188550}{188565}, \qquad \delta = 4°\,13'\,21'',$$

Der Bogen

$$x'\,y = \operatorname{arc}\rho \cdot r_i = \operatorname{arc} 4°\,13'\,21'' \cdot 188550 = 13895.$$

Die Gerade

$$y\,e' = \sin \delta \cdot r_i + 15 = \sin 0°\,43'\,23'' \cdot 188565 = 2380.$$

1. Die gebogene Zunge im Außenstrang.

Um die Zungenanlage $k\,w$ (Fig. 42) zu erhalten, bestimme man
vorläufig erst den Winkel β und die Seite $a\,w$. Es ist:

$$\cos \beta = \frac{r - a\,l}{r + 58} = \frac{189987}{190058},$$

Winkel $\beta = 1°\,33'\,57''$,

$$a\,w = \sin \beta \cdot (r + 58) = \sin 1°\,33'\,57'' \cdot 190058 = 5193,$$
$$k\,w = a\,w - a\,k = 5193 - 2211 = 2982.$$

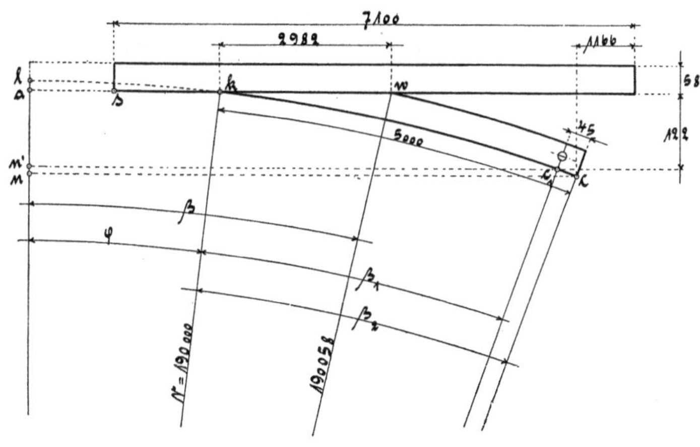

Fig. 42.

Hierin ist 58 die Kopfbreite der Schiene oder der Zunge.

Beträgt das ganze Längenmaß der Zunge 5000 mm und dasjenige
vom Zungendrehpunkt bis Zungenende 45 mm, so ist das Maß von
Zungenspitze bis Mitte Drehzapfen $= 5000 - 45 = 4955$ mm. Für
die Berechnung des Abstandes von Fahrkante der Zunge bis Fahr-

kante der Backenschiene am Drehpunkt kommt also die Bogenlänge von 4955 mm in Betracht. Mit Bezug auf Fig. 42 ist dann

$$\text{arc } \beta_1 = \frac{4955}{190\,000}, \qquad \beta_1 = 1^0\,29'\,39''.$$

Es ist ferner:

$$\cos(\varphi + \beta_1) = \frac{r - (a\,l + a\,n')}{r} = \frac{r - a\,l - a\,n'}{r},$$

$$a\,n' = r - a\,l - \cos(\varphi + \beta_1)\cdot r = 190\,000 - 13 - \cos 2^0\,9'\,39'',$$

$$a\,n' = 122,$$

$$\text{arc } \beta_2 = \frac{5000}{190\,000}, \qquad \beta_2 = 1^0\,30'\,28''.$$

Die Backenschiene hat eine Länge von 7100 mm. Will man wissen, um welches Maß die Backenschiene die Zunge überragt, so hat man erst festzustellen

$$n\,c = \sin(\varphi + \beta_2)\cdot r = \sin 2^0\,10'\,28'' \cdot 190\,000 = 7209.$$

Das überstehende Maß beträgt demnach

$$7100 + (a\,k - s\,k) - 7209 = 7100 + 2211 - 936 - 7209 = 1166.$$

2 Die gerade Zunge im Innenstrang.

Im Innenstrang liegt die Zungenspitze k'' um $k'\,k'' = 10$ mm hinter dem geraden durchgehenden Strang. Die Backenschiene des

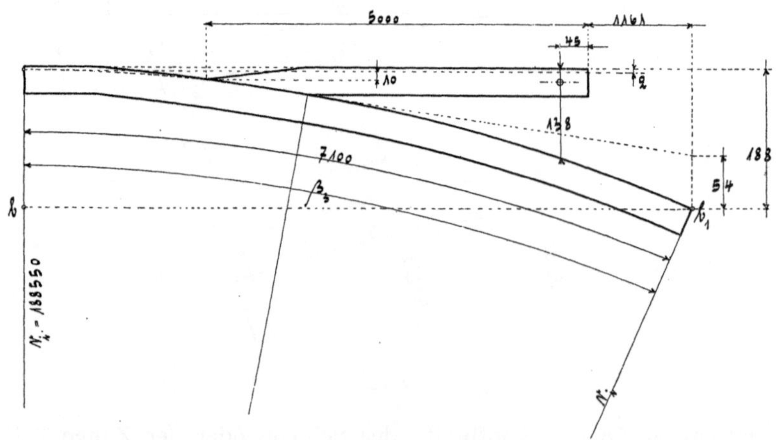

Fig. 43.

Innenstranges hat ebenfalls eine Länge von 7100 mm. Das Maß des gebogenen Teiles $x'\,c'$ der Schiene (siehe Fig. 41) beträgt dann

$$x'\,c' = 7100 - (s''\,k'' + k''\,x') = 7100 - 3314 = 3786.$$

Es ist für die praktische Ausführung genau genug, wenn man die Länge x′ c″ gleich der Bogenlänge x′ c′ annimmt. In Fig. 44 ist dann

$$p'' c'' = \frac{6164 \cdot 48}{2378} = 124.$$

Am Endstoß der Backenschiene beträgt das Maß p′ c′ (siehe Fig. 41)

$$p' c' = \frac{(l' c')^2}{2 \cdot r_i} + a' l' = \frac{8375^2}{2 \cdot 188\,550} + 2 = 188.$$

Die Backenschiene muß daher nach der Biegung von x′ c′ im Punkte x′ geknickt werden, so daß die Ablenkung im Punkte c′ von der Geraden k″ c″ gleich 188 — (124 + 10) = 54 mm beträgt (siehe Fig. 43 und 44).

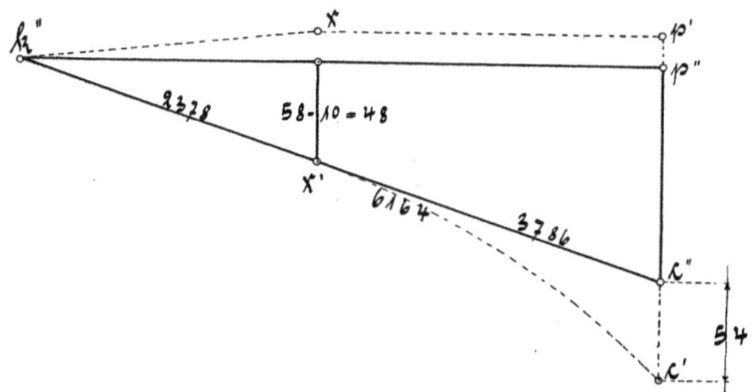

Fig. 44.

Der Abstand von Fahrkante der Schiene bis Fahrkante der Zunge, am Drehpunkt gemessen, ist gleich

$$\frac{(a\,k + 5000 - 45)^2}{2 \cdot r_i} + 2 = \frac{7166^2}{2 \cdot 188\,550} + 2 = 138.$$

Das Maß, um welches die Backenschiene die Zunge überragt, kann folgendermaßen ermittelt werden (siehe Fig. 43):

$$b\,b_1 - (5000 + a\,k),$$
$$b\,b_1 = \sin \beta_3 \cdot 188\,550,$$
$$\cos \beta_3 = \frac{r_i - 186}{r_i} = \frac{188\,364}{188\,550},$$
$$\beta_3 = 2^0\, 32'\, 42'',$$
$$b\,b_1 = \sin 2^0\, 32'\, 42'' \cdot 188\,550 = 8372.$$

Die Überragung beträgt also

$$8372 - 5000 - 2211 = 1161.$$

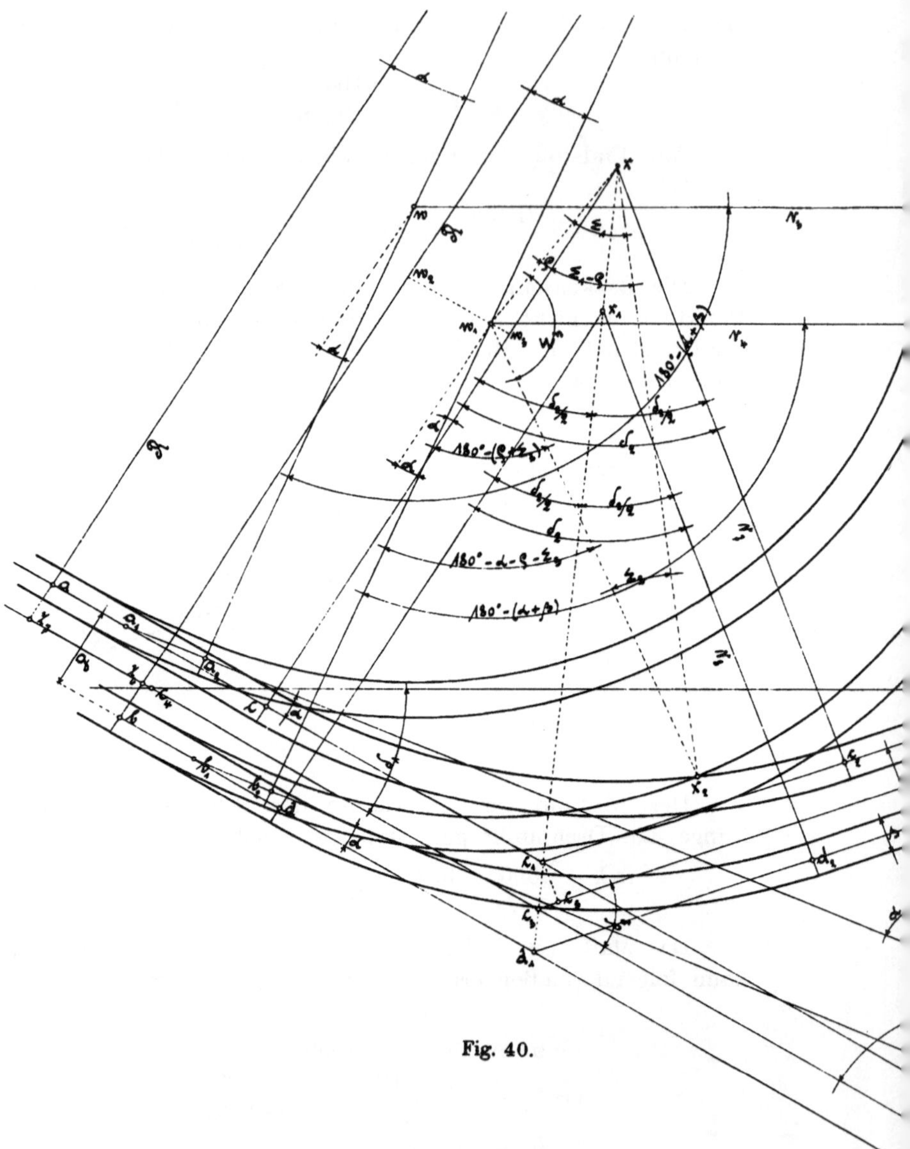

Fig. 40.

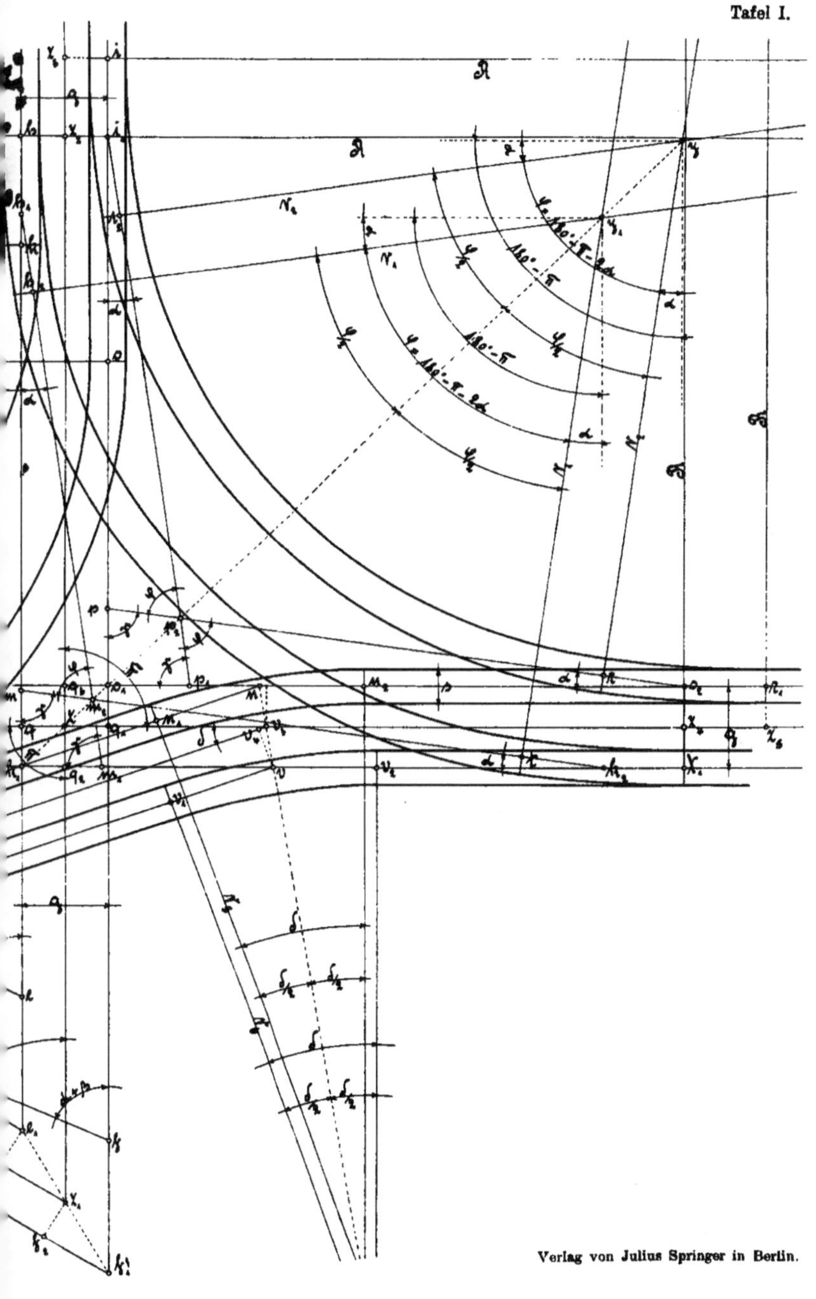